Puja Acharya

Tecnologias energéticas limpas: Rumo a um futuro sustentável

Puja Acharya

Tecnologias energéticas limpas: Rumo a um futuro sustentável

ScienciaScripts

Imprint
Any brand names and product names mentioned in this book are subject to trademark, brand or patent protection and are trademarks or registered trademarks of their respective holders. The use of brand names, product names, common names, trade names, product descriptions etc. even without a particular marking in this work is in no way to be construed to mean that such names may be regarded as unrestricted in respect of trademark and brand protection legislation and could thus be used by anyone.

Cover image: www.ingimage.com

This book is a translation from the original published under ISBN 978-620-7-47483-7.

Publisher:
Sciencia Scripts
is a trademark of
Dodo Books Indian Ocean Ltd. and OmniScriptum S.R.L publishing group

120 High Road, East Finchley, London, N2 9ED, United Kingdom
Str. Armeneasca 28/1, office 1, Chisinau MD-2012, Republic of Moldova, Europe
Printed at: see last page
ISBN: 978-620-7-49017-2

Tecnologias energéticas limpas: Rumo a um futuro sustentável

Um livro de

Dr. Puja Acharya

Professor adjunto

Universidade K.R. Mangalam, Gurugram

Índice

Resumo

" Tecnologias de energia limpa: Towards a Sustainable Future " fornece uma visão abrangente dos últimos avanços, desafios e oportunidades no domínio da energia limpa. Da autoria de especialistas na matéria, este livro oferece informações valiosas sobre a gama diversificada de tecnologias de energia limpa e o seu potencial para impulsionar o desenvolvimento sustentável e combater as alterações climáticas.

O livro começa por lançar as bases para a compreensão da importância da energia limpa na abordagem dos desafios ambientais globais e na transição para uma economia de baixo carbono. Explora os princípios e conceitos fundamentais subjacentes às tecnologias de energia limpa, incluindo fontes de energia renováveis como a energia solar, eólica, hidroelétrica, geotérmica e de biomassa, bem como tecnologias emergentes como os conversores de energia das ondas e a conversão de energia térmica dos oceanos (OTEC).

Cada capítulo analisa os aspectos técnicos, económicos e ambientais de diferentes tecnologias de energia limpa, examinando os seus pontos fortes, limitações e aplicações no mundo real. O livro também discute o papel dos enquadramentos políticos, dos mecanismos reguladores e das colaborações internacionais na promoção da adoção e implantação de soluções de energia limpa.

Com uma abordagem interdisciplinar e um estilo de escrita acessível, este livro constitui um recurso valioso para investigadores, decisores políticos, profissionais do sector, estudantes e qualquer pessoa interessada em compreender o complexo panorama das tecnologias de energia limpa e o seu papel na construção de um mundo mais sustentável. Quer seja um perito experiente ou um recém-chegado a esta área, "Clean Energy Technologies: Rumo a um Futuro Sustentável" oferece uma visão e inspiração valiosas para o avanço das soluções de energia limpa e para a criação de um futuro mais brilhante e mais limpo para as gerações vindouras.

Capítulo 1

Energia solar

1.1 Energia solar

A energia solar, derivada do poder inesgotável do sol, é uma das mais abundantes e promissoras fontes de energia renovável. Esta tecnologia transformadora tem atraído grande atenção e investimento nas últimas décadas, revolucionando o panorama energético global e oferecendo uma alternativa sustentável à produção de energia tradicional baseada em combustíveis fósseis. Nesta exploração exaustiva, aprofundamos os meandros das tecnologias de energia solar fotovoltaica (PV) e de energia solar concentrada (CSP), a sua implantação a várias escalas, os notáveis avanços na eficiência que impulsionaram a sua adoção generalizada e os desafios e oportunidades inerentes à integração da energia solar na infraestrutura energética existente.

1.2 Tecnologia solar fotovoltaica (PV)

No centro da tecnologia solar fotovoltaica está o efeito fotovoltaico, um fenómeno descoberto pela primeira vez no século XIX pelo físico francês Alexandre-Edmond Becquerel. Este efeito, que ocorre quando certos materiais geram uma corrente eléctrica em resposta à exposição à luz, constitui a base das células solares utilizadas nos painéis fotovoltaicos. O silício, um material semicondutor abundante na crosta terrestre, é a pedra angular da maioria das células solares comerciais devido às suas propriedades eléctricas favoráveis.

Os painéis fotovoltaicos são constituídos por várias células solares interligadas e encapsuladas numa camada protetora. Quando a luz solar atinge a célula solar, os fotões de luz excitam os electrões dentro do material semicondutor, criando um desequilíbrio de carga que gera uma corrente eléctrica. Esta conversão direta da luz solar em eletricidade ocorre sem a necessidade de peças móveis ou do consumo de combustível, tornando os sistemas solares fotovoltaicos limpos, silenciosos e praticamente isentos de manutenção[1].

Os avanços na tecnologia fotovoltaica conduziram a melhorias significativas em termos de eficiência, durabilidade e relação custo-eficácia. Os investigadores e engenheiros têm aperfeiçoado continuamente os processos de fabrico, os materiais e a conceção das células solares para melhorar o seu desempenho e reduzir os custos de produção. Inovações como as células solares de película fina, as células solares de junção múltipla e as células solares de perovskite são promissoras para aumentar ainda mais a eficiência e alargar a gama de aplicações da tecnologia solar fotovoltaica.

1.3 Energia solar concentrada (CSP)

Embora a tecnologia fotovoltaica domine o mercado da energia solar distribuída, a energia solar concentrada (CSP) oferece uma abordagem distinta para o aproveitamento da energia solar, particularmente adequada para a produção de eletricidade à escala dos serviços públicos. Os sistemas CSP utilizam espelhos ou lentes para concentrar a luz solar numa pequena área, onde esta é convertida em calor para gerar vapor e acionar turbinas que produzem eletricidade. Esta energia solar térmica concentrada pode ser armazenada em sais fundidos ou outros fluidos de transferência de calor, permitindo que as centrais CSP funcionem de forma fiável mesmo quando a luz solar não está disponível, como durante a noite ou em condições nubladas.

A tecnologia CSP engloba várias configurações, incluindo sistemas de calha parabólica, torres de energia solar e sistemas Stirling de prato, cada um com as suas vantagens e aplicações únicas. Os sistemas de calha parabólica, caracterizados por espelhos longos e curvos que acompanham o sol ao longo de um único eixo, representam a tecnologia CSP mais madura e amplamente utilizada. Estes sistemas concentram a luz solar num tubo recetor que contém um fluido de transferência de calor, normalmente óleo sintético, que é aquecido a altas temperaturas e utilizado para gerar vapor para a produção de eletricidade.

As torres de energia solar, outra tecnologia CSP proeminente, utilizam um conjunto de helióstatos para refletir a luz solar num recetor central montado no topo de uma torre. Este fluxo solar concentrado aquece um fluido de transferência de calor ou sal fundido que circula dentro do recetor, produzindo vapor para acionar uma unidade de turbina-gerador. As torres de energia oferecem escalabilidade e temperaturas de funcionamento mais elevadas do que os sistemas de calha parabólica, tornando-as adequadas para centrais eléctricas de grande escala e de elevada eficiência. Os sistemas Stirling de prato, embora menos comuns do que os sistemas de calha parabólica e as torres de energia, oferecem uma elevada eficiência e modularidade ao concentrar a luz solar num pequeno motor Stirling de elevada eficiência. Estes sistemas compactos podem ser instalados individualmente ou em grupos, fornecendo soluções de produção de energia distribuída para aplicações remotas ou fora da rede[2].

1.4 Implantação em várias escalas

A versatilidade da energia solar permite a sua utilização num vasto espetro de escalas, desde instalações de pequena escala em telhados até parques solares à escala de serviços públicos com centenas de hectares. A nível residencial e comercial, os sistemas solares fotovoltaicos em telhados ganharam popularidade como um meio económico de gerar eletricidade limpa e reduzir a dependência da energia fornecida pela rede. Estes sistemas consistem tipicamente em painéis solares montados nos telhados ou no solo, ligados a inversores que convertem a eletricidade CC em eletricidade CA compatível com os aparelhos domésticos e a rede eléctrica.

Os projectos solares comunitários, que permitem que várias partes interessadas partilhem os benefícios de uma instalação solar centralizada, surgiram como um modelo inclusivo e acessível para expandir o acesso à energia solar a inquilinos, proprietários de casas com telhados sombreados e comunidades que não dispõem de espaço adequado para instalações solares individuais. Estes projectos potenciam economias de escala e acordos de medição líquida virtual para proporcionar poupanças de custos e benefícios ambientais aos participantes, ao mesmo tempo que promovem o envolvimento da comunidade e a literacia solar.

À escala dos serviços públicos, as tecnologias solares fotovoltaicas e CSP oferecem soluções escaláveis para a produção de energia em grande escala, contribuindo de forma valiosa para a diversificação das carteiras de energia e para a estabilidade da rede. Os parques solares à escala dos serviços públicos, caracterizados por vastos conjuntos de painéis solares ou colectores solares concentrados, aproveitam as economias de escala e as condições favoráveis de localização para maximizar a produção de energia e minimizar os custos. Estes projectos envolvem frequentemente contratos de aquisição de energia (CAE) com empresas de serviços públicos ou com empresas de distribuição, garantindo fluxos de receitas a longo prazo e a viabilidade do projeto.

As centrais de energia solar concentrada, com as suas capacidades inerentes de armazenamento de energia térmica, proporcionam uma produção de energia despachável e reactiva à rede, complementando recursos renováveis intermitentes como o vento e a energia solar fotovoltaica. Estas centrais CSP à escala dos serviços públicos podem ser integradas nas redes eléctricas existentes, oferecendo uma produção de eletricidade fiável e flexível para satisfazer os picos de procura e apoiar a estabilidade da rede.

1.5 Avanços na eficiência

A procura de uma maior eficiência e de custos mais baixos tem sido uma força motriz por detrás do rápido crescimento e maturação das tecnologias de energia solar. No domínio da energia solar fotovoltaica, os esforços de investigação e desenvolvimento têm-se concentrado em melhorar a eficiência das células solares, aumentar a produção de energia por unidade de área e reduzir o custo nivelado da eletricidade (LCOE) associado aos sistemas solares fotovoltaicos. As células solares à base de silício, que dominam o mercado, têm registado melhorias constantes de eficiência através de inovações na arquitetura das células, passivação da superfície e revestimentos antirreflexo.

As tecnologias solares de película fina, incluindo o telureto de cádmio (CdTe), o seleneto de cobre, índio e gálio (CIGS) e o silício amorfo (a-Si), oferecem vantagens potenciais em termos de escalabilidade, flexibilidade e rentabilidade do fabrico. Estas tecnologias de película fina, caracterizadas por menores requisitos de material e complexidade de fabrico, deram passos significativos em termos de eficiência e durabilidade, reduzindo a diferença de desempenho em relação às células solares de silício cristalino.

Os materiais e arquitecturas de dispositivos emergentes, como as células solares de perovskite e as células solares em tandem, são promissores para aumentar ainda mais a eficiência e reduzir os custos de fabrico. As células solares de perovskite, compostas por materiais híbridos orgânico-inorgânicos, chamaram a atenção pelas suas rápidas melhorias de eficiência e pelo seu potencial para processos de fabrico de baixo custo e baseados em soluções. As células solares em tandem, que combinam múltiplos materiais semicondutores com espectros de absorção complementares, permitem uma utilização mais eficiente da luz solar numa gama mais vasta de comprimentos de onda, desbloqueando novos níveis de desempenho e competitividade de custos.

No domínio da energia solar concentrada (CSP), os avanços nos colectores solares, fluidos de transferência de calor e sistemas de armazenamento de energia térmica contribuíram para aumentar a eficiência, melhorar a fiabilidade e prolongar o tempo de vida operacional das centrais CSP. Os revestimentos espelhados e os sistemas de rastreio melhorados optimizam a captação e concentração da luz solar, maximizando a energia térmica disponível para a produção de eletricidade. Os sistemas de armazenamento de energia térmica à base de sal fundido permitem que as centrais CSP funcionem a plena capacidade, mesmo durante períodos de baixa irradiação solar, fornecendo serviços de produção de energia despacháveis e de estabilidade da rede.

1.6 Integração na infraestrutura energética existente

A integração da energia solar na infraestrutura energética existente apresenta desafios e oportunidades para as empresas de serviços públicos, operadores de rede, decisores políticos e partes interessadas em toda a cadeia de valor da energia. A intermitência e a variabilidade inerentes à energia solar colocam desafios à estabilidade da rede, exigindo um planeamento cuidadoso, coordenação e investimento na modernização da rede e em tecnologias que aumentem a flexibilidade.

As estratégias avançadas de gestão da rede, como a resposta à procura, o armazenamento de energia e as tecnologias de redes inteligentes, podem ajudar a atenuar os impactos da intermitência solar e melhorar a integração da energia solar nas redes eléctricas existentes. Os sistemas de armazenamento de energia, incluindo o armazenamento em baterias, o armazenamento em centrais hidroeléctricas por bombagem e o armazenamento de energia térmica, permitem a captação e utilização da energia solar excedentária durante os períodos de pico de produção, fornecendo energia despachável e serviços de equilíbrio da rede quando a produção solar é baixa.

Os projectos de armazenamento de energia à escala da rede, associados a activos de produção de energia renovável, oferecem aos operadores de rede uma maior flexibilidade e resiliência na gestão das flutuações da oferta e da procura, reduzindo a dependência das centrais eléctricas convencionais baseadas em combustíveis fósseis e aumentando a fiabilidade e a sustentabilidade das redes de eletricidade. As centrais eléctricas virtuais (VPP), compostas por recursos energéticos distribuídos (DER), como sistemas solares fotovoltaicos em telhados, armazenamento de baterias e resposta à procura, agregam e optimizam o funcionamento de diversos activos energéticos para fornecer serviços de rede e maximizar o valor económico para os participantes[2].

Os quadros políticos e regulamentares desempenham um papel fundamental na facilitação da integração da energia solar na infraestrutura energética existente, incentivando o investimento na produção de energia solar, no armazenamento e na infraestrutura da rede, garantindo simultaneamente a fiabilidade da rede, a equidade e a sustentabilidade ambiental. As políticas de contagem líquida, as tarifas de aquisição, os incentivos fiscais e as normas de carteira renovável (RPS) incentivam a implantação de sistemas solares fotovoltaicos e promovem a produção distribuída, permitindo que os consumidores produzam a sua eletricidade e recebam uma compensação pelo excesso de produção exportado para a rede.

As normas de interconexão, as regras de acesso à rede e os mecanismos de mercado devem ser adaptados para acomodar níveis crescentes de penetração solar e permitir a integração eficiente e equitativa da energia solar nos mercados da eletricidade. A fixação de preços em função do tempo de utilização, os sinais de mercado em tempo real e os programas de gestão da procura permitem que os consumidores optimizem os seus padrões de consumo de energia e aproveitem a energia solar para reduzir os custos e as emissões de carbono.

1.7 Conclusão

Em conclusão, a energia solar é um farol de esperança na busca da humanidade por um futuro energético sustentável e equitativo. Através de uma inovação, colaboração e empenho incansáveis, as tecnologias solares fotovoltaicas e CSP ultrapassaram barreiras, bateram recordes e remodelaram o panorama energético global. Desde instalações em telhados a centrais eléctricas à escala dos serviços públicos, a energia solar provou a sua resiliência, escalabilidade e rentabilidade, impulsionando uma revolução energética limpa que transcende fronteiras e ideologias.

A viagem em direção a um futuro movido a energia solar não está isenta de desafios, desde os obstáculos tecnológicos às barreiras políticas e à dinâmica do mercado. Ao aproveitarmos a energia ilimitada do sol e o seu potencial para alimentar as nossas casas, empresas e comunidades, aproveitemos a oportunidade para criar um futuro mais brilhante e sustentável para as gerações vindouras.

Capítulo 2

Energia eólica

2.1 Aproveitamento do vento

A energia eólica, uma fonte de energia antiga e renovável, conheceu um renascimento nos tempos modernos como uma das pedras angulares da transição para a energia limpa. Esta exploração abrangente aprofunda a mecânica das turbinas eólicas, a evolução dos parques eólicos offshore e as tendências emergentes na produção de energia eólica, incluindo turbinas eólicas flutuantes e sistemas de energia eólica aéreos. À medida que navegamos nas complexidades do nosso futuro energético, compreender a dinâmica da energia eólica e as suas aplicações inovadoras é essencial para alcançar um sistema energético sustentável e resiliente.

2.2 A mecânica das turbinas eólicas

No coração da energia eólica encontra-se a turbina eólica, uma máquina sofisticada concebida para captar a energia cinética do vento e convertê-la em eletricidade. As turbinas eólicas modernas são constituídas por vários componentes-chave, incluindo as pás do rotor, a nacela e a torre. As pás do rotor, normalmente feitas de fibra de vidro ou de materiais compósitos de fibra de carbono, captam a energia do vento à medida que rodam em torno de um cubo central. A nacela, montada no topo da torre, aloja a caixa de velocidades, o gerador e os sistemas de controlo responsáveis pela conversão do movimento de rotação das pás em energia eléctrica. A torre fornece suporte estrutural e eleva as pás do rotor para captar as velocidades de vento mais elevadas encontradas em altitudes mais elevadas.

As turbinas eólicas funcionam com base no princípio da elevação aerodinâmica, semelhante às asas dos aviões, uma vez que o vento flui sobre as superfícies curvas das pás do rotor, criando diferenças na pressão do ar que geram elevação e movimento de rotação. A rotação das pás acciona o gerador, que produz eletricidade de corrente alternada (CA) que pode ser alimentada à rede eléctrica ou armazenada em baterias para utilização posterior. As turbinas de velocidade variável equipadas com mecanismos de controlo da inclinação optimizam a produção de energia ajustando o ângulo das pás em resposta a alterações na velocidade e direção do vento, maximizando a captação de energia e minimizando a tensão nos componentes da turbina[3].

Os avanços na tecnologia das turbinas eólicas conduziram a melhorias significativas na eficiência, fiabilidade e rentabilidade. Diâmetros de rotor maiores, torres mais altas e alturas de cubo mais elevadas permitem que as turbinas eólicas modernas captem mais energia do vento e funcionem com factores de capacidade mais elevados, aumentando o rendimento energético e reduzindo o custo nivelado da eletricidade (LCOE). Inovações como os geradores de transmissão direta, geradores de ímanes permanentes e algoritmos de controlo avançados melhoram o desempenho e a fiabilidade das turbinas eólicas, reduzindo os requisitos de manutenção e o tempo de inatividade.

As turbinas eólicas, os cavalos de batalha mecânicos da produção de energia eólica, são o epítome do casamento entre a engenharia de ponta e os princípios das energias renováveis. Na sua essência, as turbinas eólicas funcionam com base no princípio fundamental da elevação aerodinâmica, semelhante às asas de um avião. O processo começa quando o vento interage com as pás da turbina, induzindo um diferencial de pressão entre os lados de barlavento e sotavento das pás em forma de folha de ar. Este diferencial de pressão gera elevação, fazendo com que as pás girem em torno do seu eixo longitudinal. O movimento de rotação das pás é então transferido através do cubo do rotor para o eixo principal, que acciona uma caixa de velocidades ligada a um gerador. Dentro da nacelle, um invólucro montado no topo da torre, o gerador converte a energia rotacional em energia eléctrica, pronta para ser distribuída à rede.

A conceção e a construção das pás das turbinas eólicas são fundamentais para maximizar a captação e a eficiência da energia. As pás das turbinas eólicas modernas apresentam perfis aerodinâmicos sofisticados, optimizados através de simulações de dinâmica de fluidos computacional (CFD) e testes em túneis de vento. Estes perfis aerodinâmicos, combinados com a geometria precisa da pá, permitem que as pás extraiam eficientemente a energia cinética do vento, minimizando a resistência e a turbulência. O comprimento e a curvatura das pás, conhecidos como varrimento e torção das pás, são cuidadosamente calibrados para obter um desempenho ótimo numa gama de velocidades e direcções do vento[4].

Para além das considerações aerodinâmicas, a integridade estrutural e a seleção de materiais desempenham um papel fundamental na conceção das pás das turbinas eólicas. Os materiais compósitos, como a fibra de vidro, a fibra de carbono e as resinas epoxídicas, são normalmente utilizados devido à sua elevada relação força/peso, durabilidade e resistência à corrosão. Técnicas de fabrico avançadas, incluindo infusão de resina, ensacamento a vácuo e processos de colocação automatizados, garantem uma qualidade e um desempenho consistentes das pás das turbinas. À medida que as turbinas continuam a crescer em tamanho e potência, as inovações no design das pás, nos materiais e nos processos de fabrico são essenciais para satisfazer as exigências do panorama da energia eólica em evolução.

Para além das pás, a nacela alberga os componentes mecânicos e eléctricos da turbina, incluindo a caixa de velocidades, o gerador, o motor de guinada e os sistemas de controlo. A caixa de velocidades serve para aumentar a velocidade de rotação do rotor da turbina para um nível adequado à produção de eletricidade, enquanto o gerador converte a energia mecânica em energia eléctrica através de indução electromagnética. Os accionamentos de guinada e os motores de guinada permitem que a turbina se oriente para o vento, maximizando a captação de energia e minimizando as cargas estruturais. Os sistemas de controlo avançados, equipados com sensores e actuadores, optimizam o desempenho da turbina ajustando a inclinação das pás, a velocidade do rotor e o ângulo de guinada em resposta às alterações das condições do vento e aos requisitos da rede.

A conceção e construção da torre também desempenham um papel crucial no desempenho e longevidade das turbinas eólicas. As torres devem ser projectadas para suportar as cargas dinâmicas impostas pelo vento, pela gravidade e pelas forças de rotação, ao mesmo tempo que proporcionam a altura necessária para elevar as pás do rotor para velocidades de vento mais elevadas e um fluxo de ar mais suave. As torres tubulares de aço são o projeto mais comum devido à sua resistência, custo-benefício e facilidade de transporte e montagem. No entanto, à medida que as turbinas continuam a aumentar de tamanho e de potência, estão a ser exploradas concepções alternativas de torres, como as de betão e as híbridas, para responder aos desafios técnicos e logísticos de turbinas mais altas e mais pesadas.

A mecânica das turbinas eólicas engloba uma fascinante interação de aerodinâmica, engenharia mecânica e sistemas eléctricos, todos funcionando perfeitamente para aproveitar a energia cinética do vento e convertê-la em eletricidade. No coração de cada turbina eólica encontra-se um conjunto complexo de componentes concebidos para captar, converter e transmitir a energia eólica de forma eficiente e fiável. A mecânica das turbinas eólicas em pormenor é a seguinte:

- **Lâminas** do rotor As lâminas do rotor são talvez os componentes visualmente mais impressionantes de uma turbina eólica. Estas pás de conceção aerodinâmica captam a energia cinética do vento e convertem-na em movimento de rotação. Normalmente feitas de materiais leves e duráveis, como fibra de vidro ou compósito de fibra de carbono, estas pás são projectadas para suportar tensões e deformações elevadas, mantendo-se suficientemente flexíveis para se adaptarem a condições de vento variáveis.

- **Sistema de inclinação das pás** O ângulo de ataque das pás do rotor, conhecido como inclinação das pás, desempenha um papel crucial na otimização da captação de energia e do desempenho da turbina. O sistema de inclinação das pás permite um controlo preciso do ângulo das pás, possibilitando ajustes em tempo real com base na velocidade do vento, direção e carga da turbina. Ao variar o ângulo de inclinação, os operadores de turbinas eólicas podem otimizar a produção de energia, minimizar as cargas estruturais e garantir um funcionamento seguro numa vasta gama de condições de funcionamento.
- **Cubo e veio do rotor** O cubo do rotor serve de ponto de ligação central para as pás do rotor, transmitindo o movimento de rotação das pás ao veio principal. Construído a partir de materiais robustos, como o aço ou a liga de alumínio, o cubo do rotor tem de suportar imensas forças centrífugas e momentos de flexão gerados pelas pás rotativas. O veio principal, frequentemente fabricado em liga de aço de alta resistência, transfere a energia rotacional do cubo do rotor para a caixa de velocidades e o gerador alojados na nacela.
- **Caixa de** velocidades A caixa de velocidades desempenha um papel fundamental na mecânica das turbinas eólicas, aumentando a velocidade de rotação relativamente baixa do eixo do rotor para a velocidade mais elevada exigida pelo gerador para produzir eletricidade de forma eficiente. Este aumento de velocidade é necessário para corresponder à velocidade de rotação do rotor do gerador, que é normalmente concebido para funcionar dentro de um intervalo específico para maximizar a eficiência e a potência de saída. As caixas de velocidades estão normalmente equipadas com várias fases de redução para atingir a relação de velocidade desejada, minimizando as perdas devidas ao atrito e ao calor[5].
- **Gerador** O gerador é o coração do sistema elétrico da turbina eólica, responsável pela conversão da energia rotacional do eixo do rotor em energia eléctrica. A maioria das turbinas eólicas modernas utiliza geradores síncronos, que produzem eletricidade em corrente alternada (CA) diretamente a partir do movimento de rotação do eixo. À medida que o eixo roda, faz girar o rotor do gerador dentro de um campo magnético,

induzindo uma corrente alternada nos enrolamentos do estator do gerador. Esta energia eléctrica é então condicionada e transformada para corresponder à tensão e frequência da rede antes de ser alimentada na rede eléctrica.

- **Sistema de guinada** O sistema de guinada permite que a turbina eólica se alinhe com a direção do vento, assegurando uma óptima captação de energia e eficiência da turbina. Controlado por sensores e actuadores sofisticados, o sistema de guinada monitoriza continuamente a direção do vento e ajusta a orientação da nacela e do conjunto do rotor para ficarem virados para o vento. Ao manter o alinhamento adequado com o vento, o sistema de guinada ajuda a maximizar a produção de energia, minimizando as cargas estruturais e a fadiga dos componentes da turbina.
- **Nacelle** A nacelle serve de alojamento para a caixa de velocidades, o gerador, o motor de guinada, os sistemas de controlo e outros componentes críticos da turbina eólica. Posicionada no topo da torre, a nacelle oferece proteção contra os elementos e aloja os sofisticados sistemas electrónicos e de instrumentação necessários para monitorizar e controlar o funcionamento da turbina. As naceles são concebidas para resistir a condições ambientais adversas, incluindo ventos fortes, temperaturas extremas e exposição à humidade e a contaminantes transportados pelo ar.
- **Torre** A torre fornece o suporte estrutural necessário para elevar as pás do rotor e a nacela a uma altura óptima para a captação de energia eólica. Construídas a partir de materiais robustos como o aço ou o betão, as torres das turbinas eólicas têm de suportar cargas verticais e horizontais elevadas impostas pelas forças do vento, pela gravidade e pela dinâmica da turbina. As torres têm várias alturas, dependendo de factores específicos do local, como o recurso eólico, o terreno e o tamanho da turbina, sendo que as torres mais altas permitem o acesso a ventos mais fortes e mais consistentes em altitudes mais elevadas.

Em geral, as turbinas eólicas representam uma síntese notável de princípios de engenharia mecânica, aerodinâmica e eléctrica, aproveitando a força do vento para produzir eletricidade limpa e renovável. À medida que a tecnologia continua a evoluir e as economias de escala fazem baixar os custos, a energia eólica está preparada para desempenhar um papel cada vez mais proeminente na transição energética global, fornecendo energia sustentável, acessível e abundante para alimentar um futuro mais brilhante para as gerações vindouras. A mecânica das turbinas eólicas representa um feito notável de engenho de engenharia, combinando aerodinâmica avançada, ciência dos materiais e sistemas eléctricos para aproveitar a força do vento e convertê-la em eletricidade limpa e renovável. À medida que a tecnologia continua a evoluir e as economias de escala fazem baixar os custos, a energia eólica está preparada para desempenhar um papel cada vez mais significativo na transição energética global, fornecendo energia sustentável, fiável e acessível para alimentar um futuro mais brilhante para as gerações vindouras.

2.3 Parques eólicos offshore

Os parques eólicos offshore representam uma fronteira no desenvolvimento da energia eólica, aproveitando os vastos recursos eólicos encontrados no mar para fornecer eletricidade limpa e abundante às regiões costeiras e não só. A energia eólica offshore oferece várias vantagens em relação à energia eólica onshore, incluindo velocidades de vento mais elevadas e mais consistentes, impactos visuais e sonoros reduzidos e proximidade de áreas densamente povoadas com elevada procura de eletricidade. Os parques eólicos offshore consistem tipicamente em conjuntos de turbinas eólicas de grande escala instaladas em águas pouco profundas ou profundas, ancoradas ao fundo do mar com recurso a fundações monopilares, jaquetas ou flutuantes.

Os parques eólicos offshore de águas pouco profundas, localizados em águas costeiras até 60 metros de profundidade, têm sido o foco do desenvolvimento inicial da energia eólica offshore devido à sua proximidade da costa e aos requisitos de instalação relativamente simples. Estes projectos utilizam normalmente fundações de fundo fixo, como monoestacas ou estruturas de revestimento, que são cravadas no fundo do mar para suportar o peso da turbina e da torre. Os parques eólicos offshore de águas pouco profundas beneficiam de cadeias de fornecimento, técnicas de construção e quadros regulamentares estabelecidos, facilitando a rápida implantação e o desenvolvimento de projectos rentáveis.

Os parques eólicos offshore de águas profundas, situados em águas com mais de 60 metros de profundidade, colocam maiores desafios técnicos e logísticos, mas oferecem acesso a maiores recursos eólicos e potenciais poupanças de custos. A tecnologia de turbinas eólicas flutuantes permite a instalação de turbinas eólicas em águas profundas onde as fundações de fundo fixo são impraticáveis ou têm custos proibitivos. As turbinas eólicas flutuantes utilizam plataformas flutuantes ancoradas ao fundo do mar com cabos de amarração, o que lhes permite flutuar e flexionar com o movimento das ondas, mantendo a estabilidade e a integridade estrutural. Esta abordagem inovadora ao desenvolvimento eólico offshore desbloqueia vastas extensões de recursos eólicos inexplorados em águas profundas, abrindo novas oportunidades para a expansão eólica offshore e a descarbonização do sistema energético global.

Os parques eólicos offshore representam um avanço monumental no aproveitamento dos vastos recursos eólicos existentes nos oceanos do mundo, oferecendo um imenso potencial para satisfazer as crescentes necessidades energéticas de forma sustentável. Estas instalações offshore aproveitam as velocidades do vento mais elevadas e mais consistentes disponíveis no mar em comparação com as localizações em terra, juntamente com a proximidade de centros populacionais costeiros, para fornecer eletricidade limpa e fiável a casas e empresas. Aqui está uma exploração pormenorizada dos parques eólicos offshore:

- **Instalação e configuração:** Os parques eólicos offshore consistem tipicamente em múltiplas turbinas eólicas estrategicamente posicionadas em águas costeiras, desde alguns quilómetros a dezenas de quilómetros da costa. O processo de instalação envolve a colocação de fundações de turbinas, fixas ou flutuantes, seguidas da instalação de torres de turbinas, nacelas e pás de rotor, utilizando navios e equipamento de instalação especializados. As fundações de fundo fixo, tais como monoestacas ou estruturas de revestimento, são ancoradas ao fundo do mar em águas relativamente pouco profundas, utilizando técnicas de cravação de estacas ou de perfuração. As turbinas eólicas flutuantes, por outro lado, são amarradas ao fundo do mar com cabos de amarração e âncoras, permitindo-lhes operar em águas mais profundas onde as fundações de fundo fixo não são viáveis.
- **Tecnologia de turbinas:** As turbinas eólicas offshore são concebidas e projectadas para resistir ao ambiente marinho rigoroso, incluindo ventos fortes, ondas e água salgada corrosiva. Estas turbinas apresentam frequentemente diâmetros de rotor maiores e alturas de cubo mais elevadas em comparação com as turbinas em terra, o que lhes permite captar mais energia eólica e funcionar com factores de capacidade mais elevados. As pás do rotor são construídas com materiais duráveis, como fibra de vidro ou compósito de fibra de carbono, e incorporam designs aerodinâmicos avançados para maximizar a captação de energia e a eficiência. As nacelas e os sistemas de transmissão estão equipados com sistemas robustos de vedação e arrefecimento para proteger os componentes críticos da humidade, corrosão e temperaturas extremas.

- **Ligação à rede e transmissão:** Os parques eólicos offshore estão normalmente ligados à rede eléctrica terrestre através de cabos submarinos, que transportam a eletricidade produzida pelas turbinas para subestações em terra para distribuição aos consumidores. Estes cabos submarinos, também conhecidos como cabos de exportação, são enterrados no fundo do mar para os proteger dos riscos marinhos e garantir um funcionamento fiável. As subestações em terra convertem a eletricidade de média tensão para alta tensão para transmissão através da rede para os utilizadores finais. São utilizadas tecnologias avançadas de ligação à rede, como a transmissão de corrente contínua de alta tensão (HVDC), para minimizar as perdas de energia e otimizar a integração da energia eólica offshore na rede.
- **Considerações ambientais:** Os parques eólicos offshore devem ser submetidos a avaliações ambientais rigorosas e a processos de licenciamento para garantir um impacto mínimo nos ecossistemas marinhos e na vida selvagem. Os estudos de impacto ambiental avaliam os potenciais impactos nos habitats marinhos, pescas, rotas de aves migratórias e mamíferos marinhos, tendo em conta factores como a geologia do fundo do mar, a profundidade da água e as correntes oceânicas. Os promotores da energia eólica offshore trabalham em estreita colaboração com as agências reguladoras, organizações de conservação e partes interessadas locais para atenuar os potenciais impactos através da seleção do local, da conceção do projeto e de medidas operacionais. [6]
- **Benefícios económicos e sociais:** Os parques eólicos offshore oferecem benefícios económicos e sociais significativos às comunidades costeiras, incluindo a criação de emprego, o investimento em infra-estruturas e a geração de receitas. Estes projectos estimulam as economias locais através da construção e operação de parques eólicos, bem como o desenvolvimento de cadeias de abastecimento, instalações portuárias e serviços de apoio. A energia eólica marítima também contribui para a segurança e independência energética, diversificando o cabaz energético e reduzindo a dependência de combustíveis fósseis importados. Além disso, os parques eólicos marítimos têm o potencial de revitalizar as zonas costeiras, atrair o turismo e melhorar as oportunidades de lazer, contribuindo para o bem-estar e a prosperidade globais das comunidades costeiras.

Em conclusão, os parques eólicos marítimos representam uma oportunidade transformadora para aproveitar o imenso potencial de energia renovável dos oceanos do mundo, ao mesmo tempo que abordam as alterações climáticas, promovem o desenvolvimento sustentável e fomentam o crescimento económico. À medida que a tecnologia continua a evoluir e os custos a diminuir, a energia eólica marítima está preparada para desempenhar um papel cada vez mais proeminente na transição energética global, fornecendo energia limpa, fiável e acessível para alimentar um futuro mais brilhante e sustentável para as gerações vindouras.

Capítulo 3

Energia hidroelétrica

3.1 Energia hidroelétrica

É uma das formas mais antigas e mais amplamente utilizadas de energia renovável e continua a desempenhar um papel fundamental no panorama energético global. Esta exploração exaustiva analisa a mecânica da produção de energia hidroelétrica, a evolução das tecnologias hidroeléctricas e as tendências emergentes que moldam o futuro desta fonte de energia renovável.

- **Mecânica da produção de energia hidroelétrica:** Na sua essência, a produção de energia hidroelétrica aproveita a energia potencial gravitacional da água corrente para produzir eletricidade. Este processo começa com a construção de barragens ou represas, que criam reservatórios através da obstrução do fluxo natural dos rios ou ribeiros. A água armazenada nestas albufeiras é libertada através de aberturas controladas ou comportas, permitindo que flua para baixo sob a força da gravidade. À medida que a água flui através das comportas, acciona turbinas ligadas a geradores, que convertem a energia cinética da água corrente em energia eléctrica.
- **Evolução das tecnologias hidroeléctricas:** As tecnologias hidroeléctricas evoluíram significativamente desde o seu início, impulsionadas pelos avanços na engenharia, ciência dos materiais e gestão ambiental. Os primeiros sistemas hidroeléctricos utilizavam rodas de água ou turbinas simples para acionar diretamente equipamentos mecânicos para tarefas como a moagem de cereais ou a serragem de madeira. Com o tempo, o desenvolvimento de turbinas mais eficientes, como as turbinas Pelton, Francis e Kaplan, permitiu a adoção generalizada da energia hidroelétrica para a produção de eletricidade. Estas turbinas são optimizadas para diferentes caudais, alturas de queda e condições de funcionamento, permitindo a utilização eficiente de recursos hídricos variáveis.
- **Instalações hidroeléctricas tradicionais:** As instalações hidroeléctricas tradicionais, como as centrais hidroeléctricas a fio de água e de armazenamento, representam a espinha dorsal da produção hidroelétrica mundial. As centrais a fio de água desviam uma parte do caudal do rio através de turbinas sem alterar significativamente o regime de caudal natural, minimizando os impactos ambientais e fornecendo simultaneamente eletricidade fiável e renovável. As centrais hidroeléctricas de armazenamento, incluindo reservatórios e instalações de

armazenamento por bombagem, armazenam água durante os períodos de baixa procura e libertam-na durante os períodos de alta procura para satisfazer as necessidades de eletricidade e estabilizar a rede.

3.2 Tendências emergentes no sector da energia hidroelétrica

Apesar da sua longa história, a energia hidroelétrica continua a inovar e a adaptar-se para enfrentar os desafios e oportunidades em evolução do século XXI. As tendências emergentes na energia hidroelétrica incluem:

- **Pequenas e Micro-hídricas:** As pequenas e micro-hídricas, normalmente com capacidades inferiores a 10 megawatts (MW), estão a ganhar força como soluções energéticas descentralizadas e comunitárias. Estas instalações podem ser instaladas em áreas rurais ou remotas para fornecer acesso à eletricidade fora da rede, apoiar o desenvolvimento económico local e reduzir a dependência de combustíveis fósseis.
- **Considerações ambientais e de baixo impacto:** Os avanços na tecnologia das turbinas, nos sistemas de passagem de peixes e na monitorização ambiental conduziram ao desenvolvimento de projectos hidroeléctricos de baixo impacto que minimizam as perturbações ecológicas e protegem os habitats aquáticos. As inovadoras turbinas amigas dos peixes, como as turbinas de parafuso de Arquimedes e as turbinas de fluxo axial, reduzem a mortalidade dos peixes e melhoram a passagem das espécies migratórias, aumentando a sustentabilidade das operações hidroeléctricas.
- **Integração da energia hidroelétrica com as energias renováveis:** A integração da energia hidroelétrica com outras fontes de energia renováveis, como a energia solar e eólica, oferece sinergias em termos de estabilidade da rede, armazenamento de energia e equilíbrio das energias renováveis. Os sistemas híbridos de energias renováveis combinam a produção intermitente de energia eólica e solar com as características despacháveis e flexíveis da energia hidroelétrica, permitindo um fornecimento de eletricidade mais fiável e resiliente, reduzindo simultaneamente as emissões de carbono.
- **Energia hidroelétrica avançada por bombagem:** As tecnologias avançadas de produção de energia hidroelétrica por bombagem (PSH), como as turbinas reversíveis de velocidade variável e os sistemas de controlo avançados, aumentam a flexibilidade e a eficiência das instalações PSH. Estas inovações permitem tempos

de resposta mais rápidos, uma melhor integração na rede e uma maior capacidade de armazenamento de energia, apoiando a integração de fontes de energia renováveis variáveis e a transição para um sistema energético com baixo teor de carbono.

- **Energia hidroelétrica nos países em desenvolvimento:** O desenvolvimento da energia hidroelétrica nos países em desenvolvimento apresenta oportunidades para o acesso sustentável à energia, o desenvolvimento económico e a redução da pobreza. Em conclusão, a energia hidroelétrica continua a ser uma fonte vital e versátil de energia renovável, oferecendo uma solução comprovada e fiável para satisfazer a procura de eletricidade, atenuando simultaneamente as alterações climáticas e promovendo o desenvolvimento sustentável. [Ao adotar as tendências e inovações emergentes, a indústria hidroelétrica pode continuar a evoluir e a prosperar, fornecendo energia limpa, acessível e resiliente para as gerações vindouras

Capítulo 4

Energia geotérmica

A energia geotérmica , derivada do calor da Terra armazenado sob a sua superfície, oferece uma fonte fiável, renovável e com baixo teor de carbono de eletricidade e calor. Esta exploração aprofunda a mecânica da produção de energia geotérmica, os tipos de recursos geotérmicos e as tendências emergentes que moldam o futuro desta fonte de energia sustentável.

4.1 Mecânica da produção de energia geotérmica

A energia geotérmica aproveita o calor armazenado na crosta terrestre para produzir eletricidade e fornecer aquecimento e arrefecimento para várias aplicações. O processo começa com a extração de água quente ou vapor de reservatórios subterrâneos através de poços perfurados em formações geotérmicas. Este fluido quente é depois transportado para a superfície, onde a sua energia térmica é utilizada para acionar turbinas ligadas a geradores, produzindo eletricidade. Após a extração de energia, o fluido arrefecido é reinjectado no reservatório para manter a pressão e sustentar a produtividade do reservatório. As centrais geotérmicas podem funcionar com recursos dominados por vapor ou por água quente, dependendo a escolha da temperatura e da composição dos fluidos geotérmicos.

4.2 Tipos de recursos geotérmicos

Os recursos geotérmicos são classificados com base na temperatura e na composição dos fluidos dos reservatórios subterrâneos. Os recursos dominados pelo vapor, caracterizados por temperaturas e pressões elevadas, contêm predominantemente vapor e são propícios à produção direta de vapor para a produção de eletricidade. Os recursos dominados pela água quente, com temperaturas e pressões mais baixas, contêm principalmente água quente e requerem tecnologias adicionais, como as centrais eléctricas de ciclo binário, para extrair energia térmica e produzir eletricidade. Os sistemas geotérmicos melhorados (EGS) representam um tipo emergente de recurso geotérmico que envolve a engenharia da subsuperfície para criar permeabilidade e vias de circulação para a injeção e extração de fluidos, expandindo assim o alcance geográfico do desenvolvimento da energia geotérmica.

4.3 Tecnologias de centrais geotérmicas

As centrais geotérmicas utilizam várias tecnologias para converter a energia térmica dos fluidos geotérmicos em eletricidade. As turbinas a vapor são normalmente utilizadas em recursos dominados pelo vapor, onde o vapor de alta pressão é diretamente extraído do reservatório e utilizado para acionar turbinas ligadas a geradores. As centrais de ciclo binário são utilizadas em recursos dominados pela água quente, onde a água quente circula através de um permutador de calor para vaporizar um fluido de trabalho secundário, como o isobutano ou o pentano, que depois acciona as turbinas para gerar eletricidade. As configurações de ciclo combinado, que incorporam ciclos de vapor e binários, podem otimizar a extração de energia e maximizar a eficiência da central eléctrica.

4.4 Tendências emergentes no domínio da energia geotérmica

Apesar do seu imenso potencial, a energia geotérmica enfrenta vários desafios, incluindo os elevados custos iniciais, a incerteza dos recursos e as restrições geológicas. As tendências emergentes no domínio da energia geotérmica visam dar resposta a estes desafios e libertar todo o potencial desta fonte de energia renovável:

- **Exploração avançada e avaliação de recursos:** Os avanços na modelação geológica, deteção remota e técnicas geofísicas estão a melhorar a nossa capacidade de identificar e caraterizar os recursos geotérmicos com maior precisão e exatidão. Estes métodos avançados de exploração permitem que os promotores visem áreas de elevado potencial para o desenvolvimento geotérmico, reduzindo os riscos de perfuração e as incertezas do projeto.

- **Inovações tecnológicas e desenvolvimento de EGS:** As inovações tecnológicas, tais como técnicas avançadas de perfuração, sensores de fundo de poço e métodos de estimulação, estão a impulsionar o desenvolvimento de sistemas geotérmicos melhorados (EGS). Os projectos de EGS envolvem a criação de reservatórios artificiais estimulando as formações rochosas existentes através de fracturação hidráulica, injeção de água quente ou circulação de fluidos geotérmicos. Estes reservatórios artificiais podem expandir significativamente o alcance geográfico da energia geotérmica e desbloquear vastos recursos inexplorados.

- **Bombas de calor geotérmicas e aplicações de utilização direta:** As bombas de calor geotérmicas (GHP) oferecem uma solução económica e energeticamente eficiente para aquecimento, arrefecimento e água quente sanitária em edifícios residenciais, comerciais e industriais. As bombas de calor geotérmicas utilizam as temperaturas estáveis do subsolo superficial para trocar calor com os edifícios, fornecendo climatização e água quente com menor consumo de energia e emissões de gases com efeito de estufa em comparação com os sistemas convencionais de aquecimento e arrefecimento. As aplicações de utilização direta da energia geotérmica, como o aquecimento urbano, o aquecimento de estufas e o aquecimento de processos industriais, oferecem oportunidades adicionais de utilização dos recursos geotérmicos para a procura de energia térmica.

- **Energia geotérmica e descarbonização:** A energia geotérmica desempenha um papel crucial na descarbonização dos sectores da eletricidade e do aquecimento, reduzindo a dependência dos combustíveis fósseis e mitigando as emissões de gases com efeito de estufa. À medida que os países se esforçam por atingir os seus objectivos climáticos e fazer a transição para sistemas de energia com baixo teor de carbono, a energia geotérmica oferece uma fonte de energia renovável fiável e flexível que pode complementar as energias renováveis intermitentes, como a energia eólica e solar, fornecendo energia de base e estabilidade da rede.

Ao alavancar os avanços tecnológicos, expandir os esforços de exploração e desenvolvimento de recursos e promover aplicações inovadoras, a indústria geotérmica pode superar os desafios e aproveitar as oportunidades para acelerar a implantação desta fonte de energia limpa e renovável. Com investimento contínuo, colaboração e apoio político, a energia geotérmica pode contribuir para um futuro energético mais sustentável, resiliente e equitativo para as gerações vindouras.

4.5 Aproveitamento do calor da Terra através de centrais geotérmicas

Isto envolve um processo sofisticado que aproveita a energia térmica natural armazenada sob a superfície da Terra para gerar eletricidade. Vamos analisar em pormenor a mecânica e o funcionamento das centrais geotérmicas:

- **Identificação e exploração de recursos**: O primeiro passo no desenvolvimento de uma central geotérmica é a identificação de recursos geotérmicos adequados. Isto envolve levantamentos geológicos, perfuração de exploração e avaliação de recursos para determinar a temperatura, permeabilidade e conteúdo de fluido dos reservatórios subterrâneos. Os reservatórios de alta temperatura com água quente ou vapor em abundância são ideais para a produção direta de calor ou eletricidade.

- **Perfuração de poços e gestão de reservatórios:** Uma vez identificado um recurso geotérmico, são perfurados poços de produção no reservatório para extrair a água quente ou o vapor. Os poços de produção são normalmente revestidos com revestimento de aço e cimentados para evitar o colapso e garantir a integridade do poço. O fluido extraído é trazido para a superfície através de tubos de produção, onde é submetido a processos de separação e reinjecção. Os poços de injeção também são perfurados para reinjectar o fluido arrefecido no reservatório para manter a pressão do reservatório e maximizar a recuperação de recursos a longo prazo.

- **Configuração da central eléctrica:** As centrais geotérmicas existem em várias configurações, dependendo das características do recurso. Os tipos mais comuns incluem:

i. **Centrais de Vapor Seco:** Estas centrais utilizam vapor de alta pressão extraído diretamente da albufeira para acionar turbinas ligadas a geradores. O vapor é então condensado e devolvido ao reservatório sob a forma de água.

ii. **Centrais eléctricas a vapor flash:** Nas centrais de vapor flash, a água quente do reservatório é trazida à superfície sob pressão e depois "transformada" em vapor à medida que entra num separador de baixa pressão. O vapor é então utilizado para acionar turbinas antes de ser condensado e reinjectado no reservatório.

iii. **Centrais eléctricas de ciclo binário:** As centrais de ciclo binário utilizam um fluido de trabalho secundário com um ponto de ebulição inferior ao da água. A água quente do reservatório aquece o fluido secundário, fazendo-o vaporizar e acionar as turbinas. O vapor é então condensado e o líquido é reciclado num sistema de ciclo fechado.

4.6 Produção de eletricidade

Independentemente da configuração da central eléctrica, o vapor gerado acciona turbinas ligadas a geradores, produzindo eletricidade. A eletricidade gerada é normalmente convertida em alta tensão e transmitida através de linhas eléctricas para a rede ou para consumidores próximos. As centrais geotérmicas podem fornecer energia de carga de base, o que significa que podem funcionar continuamente, tornando-as uma fonte fiável de eletricidade[8].

4.7 Considerações ambientais

A produção de energia geotérmica é considerada uma fonte de energia limpa e renovável; no entanto, não está isenta de considerações ambientais. Os potenciais impactos ambientais incluem a utilização do solo, o consumo de água e a libertação de gases vestigiais e produtos químicos dos fluidos geotérmicos. A gestão cuidadosa dos reservatórios, dos recursos hídricos e das emissões é essencial para minimizar os impactes ambientais e garantir um funcionamento sustentável.

4.8 Sistemas geotérmicos melhorados (EGS)

Os sistemas geotérmicos melhorados (EGS) representam uma tecnologia emergente que tem como objetivo expandir o alcance geográfico da energia geotérmica através da criação de reservatórios artificiais em formações rochosas quentes mas impermeáveis. Os projectos EGS envolvem a estimulação da subsuperfície utilizando a fracturação hidráulica ou outros métodos para criar vias de circulação de fluidos e extração de calor. Embora ainda nas primeiras fases de desenvolvimento, a EGS tem o potencial de desbloquear vastos recursos geotérmicos inexplorados em todo o mundo.

Em conclusão, o aproveitamento do calor da Terra através de centrais geotérmicas oferece uma fonte fiável e renovável de eletricidade com emissões mínimas de gases com efeito de estufa. Ao utilizar tecnologias avançadas, práticas de gestão de recursos e gestão ambiental, a energia geotérmica pode desempenhar um papel significativo na transição global para um futuro energético sustentável. A investigação, o desenvolvimento e o investimento contínuos em tecnologias geotérmicas são essenciais para libertar todo o potencial deste recurso energético abundante e limpo.

As bombas de calor geotérmicas (GHP) são sistemas de aquecimento e arrefecimento altamente eficientes que utilizam a temperatura estável da subsuperfície da Terra para proporcionar climas interiores confortáveis para edifícios residenciais, comerciais e industriais. Ao contrário dos sistemas tradicionais de aquecimento e arrefecimento que dependem de combustíveis fósseis ou de aquecimento por resistência eléctrica, as GHP transferem calor entre o edifício e o solo, aproveitando a energia térmica da Terra para o condicionamento do espaço. Vamos explorar o funcionamento das bombas de calor geotérmicas e as suas aplicações no aquecimento e arrefecimento:

4.9 Bombas de calor geotérmicas em funcionamento

As bombas de calor geotérmicas funcionam com base no princípio da troca de calor, utilizando a temperatura relativamente constante da subsuperfície da Terra para extrair ou rejeitar calor, conforme necessário, para fins de aquecimento ou arrefecimento. O sistema é constituído por três componentes principais: o permutador de calor subterrâneo, a unidade da bomba de calor e o sistema de distribuição.

- **Permutador de calor no solo:** O permutador de calor no solo consiste numa série de tubos enterrados no solo ou submersos numa massa de água perto do edifício. Estes tubos fazem circular um fluido de transferência de calor, normalmente uma mistura de água e anticongelante, que absorve calor do solo durante o modo de aquecimento ou liberta calor para o solo durante o modo de arrefecimento. O solo actua como uma fonte de calor no inverno e um dissipador de calor no verão, fornecendo uma fonte estável e renovável de energia térmica.

- **Unidade de bomba de calor:** A unidade da bomba de calor, localizada no interior ou no exterior, dependendo da conceção do sistema, contém um compressor, um evaporador, um condensador e uma válvula de expansão. Durante o modo de aquecimento, a bomba de calor extrai o calor do permutador de calor do solo e transfere-o para o ar interior utilizando o ciclo de refrigeração. No modo de arrefecimento, o processo é invertido, com o calor do ar interior a ser rejeitado para o permutador de calor do solo.

- **Sistema de distribuição:** O sistema de distribuição faz circular o ar condicionado ou a água por todo o edifício através de condutas ou sistemas radiantes de aquecimento/arrefecimento. No modo de aquecimento, o ar quente ou a água é distribuído pelos espaços habitacionais para manter temperaturas interiores confortáveis, enquanto no modo de arrefecimento, o sistema remove o calor do ar interior, proporcionando arrefecimento e desumidificação.

- **Aplicações de aquecimento** As bombas de calor geotérmicas fornecem aquecimento eficiente e económico para edifícios residenciais, comerciais e institucionais em vários climas. No modo de aquecimento, as GHP extraem calor do solo e fornecem-no ao interior do edifício, complementando ou substituindo os sistemas de aquecimento tradicionais, como fornos, caldeiras ou aquecedores de resistência eléctrica. Os GHPs podem manter temperaturas interiores confortáveis mesmo durante os meses frios de inverno, com um consumo mínimo de energia e emissões de gases com efeito de estufa.

- **Aplicações de arrefecimento** Os GHP também oferecem soluções de arrefecimento eficientes e amigas do ambiente para edifícios em climas quentes ou muito quentes. No modo de arrefecimento, os GHPs absorvem o calor do ar interior e transferem-no para o permutador de calor no solo, onde é dissipado para a terra mais fria. Este processo proporciona um ar condicionado e uma desumidificação eficazes, mantendo temperaturas interiores confortáveis e reduzindo os custos de energia e o impacto ambiental em comparação com os sistemas de ar condicionado convencionais.

4.10 Benefícios das bombas de calor geotérmicas

As bombas de calor geotérmicas oferecem várias vantagens em relação aos sistemas de aquecimento e arrefecimento convencionais:

- **Eficiência energética:** Os GHP são altamente eficientes, com poupanças de energia até 50-70% em comparação com os sistemas tradicionais de aquecimento e arrefecimento. Ao aproveitar a energia geotérmica renovável, os GHP reduzem a dependência de combustíveis fósseis e diminuem as emissões de gases com efeito de estufa.

- **Poupança de custos:** Embora os custos iniciais de instalação dos GHPs possam ser mais elevados do que os dos sistemas tradicionais, as poupanças de energia a longo prazo e os custos de funcionamento mais baixos resultam frequentemente em poupanças de custos significativas durante a vida útil do sistema. Além disso, podem estar disponíveis incentivos, descontos e créditos fiscais para compensar os custos de investimento inicial.

- **Benefícios ambientais:** Os GHP têm um impacto ambiental mínimo, não produzindo emissões no local e reduzindo a procura de combustíveis fósseis. Ao utilizar energia geotérmica renovável, os GHP contribuem para os esforços de redução de carbono e ajudam a mitigar as alterações climáticas.

- **Conforto e fiabilidade:** As GHP proporcionam um desempenho de aquecimento e arrefecimento consistente e fiável durante todo o ano, com um controlo preciso da temperatura e flutuações de temperatura reduzidas em comparação com os sistemas convencionais. Os climas interiores estáveis proporcionados pelas GHPs aumentam o conforto e a produtividade dos ocupantes.

- **Durabilidade e longevidade:** Os sistemas GHP são duráveis e duradouros, com menos peças móveis e menos requisitos de manutenção do que os sistemas HVAC tradicionais. Os GHP corretamente instalados e mantidos podem durar 20-25 anos ou mais, fornecendo aquecimento e refrigeração fiáveis durante décadas.

4.11 Aplicações e considerações

As bombas de calor geotérmicas são adequadas para uma vasta gama de aplicações, incluindo casas unifamiliares, residências multifamiliares, edifícios comerciais, escolas, hospitais e instalações industriais. No entanto, factores específicos do local, como as condições do solo, a área de terreno disponível e o clima local, devem ser considerados ao projetar e instalar sistemas GHP. O dimensionamento adequado, a avaliação do local e a instalação por profissionais qualificados são essenciais para garantir um desempenho e uma eficiência óptimos.

Em conclusão, as bombas de calor geotérmicas oferecem uma solução sustentável, eficiente e amiga do ambiente para o aquecimento e arrefecimento de edifícios de todos os tamanhos e tipos. Ao aproveitar a energia térmica da Terra, as GHP proporcionam um conforto interior fiável, ao mesmo tempo que reduzem os custos de energia, as emissões de carbono e a dependência de combustíveis fósseis. À medida que cresce a consciencialização para a sustentabilidade ambiental e a eficiência energética, as bombas de calor geotérmicas são cada vez mais reconhecidas como uma tecnologia chave para alcançar um ambiente construído mais sustentável e resiliente.

Capítulo 5

Sistemas geotérmicos melhorados (EGS)

Os Sistemas Geotérmicos Avançados (EGS) representam uma abordagem inovadora à produção de energia geotérmica, com o objetivo de desbloquear vastos recursos geotérmicos inexplorados através da criação de reservatórios artificiais em formações rochosas quentes mas impermeáveis. Esta exploração aprofunda os princípios, as técnicas, os desafios e o potencial dos EGS para a produção alargada de energia geotérmica:

5.1 Princípios dos sistemas geotérmicos melhorados

Os EGS utilizam técnicas avançadas de engenharia para estimular as formações rochosas existentes nas profundezas da superfície da Terra, criando permeabilidade e vias de circulação para a injeção e extração de fluidos. Ao contrário dos recursos geotérmicos convencionais, que dependem de formações rochosas permeáveis naturais, os EGS podem aceder ao calor de reservatórios de baixa permeabilidade, expandindo significativamente o alcance geográfico da energia geotérmica.

5.2 Técnicas de criação de reservatórios artificiais

As principais técnicas utilizadas para criar reservatórios artificiais em projectos de EGS incluem:

- **Fracturação hidráulica (Fracking):** A fracturação hidráulica envolve a injeção de água, areia e aditivos químicos na subsuperfície a alta pressão para criar fracturas ou fissuras na formação rochosa. Estas fracturas aumentam a permeabilidade e criam vias para a circulação de fluidos, melhorando a transferência de calor e a extração de energia.

- **Estimulação e engenharia de reservatórios:** São utilizadas técnicas avançadas de engenharia de reservatórios, como a monitorização da pressão e da temperatura, a instrumentação do poço e a modelação informática, para otimizar a circulação de fluidos e o desempenho do reservatório. Os tratamentos de estimulação, incluindo acidificação, injeção de propantes e estimulação térmica, podem ser aplicados para aumentar ainda mais a permeabilidade e a produtividade do reservatório.

- **Perfuração Horizontal e Poços Multi-Laterais:** As técnicas de perfuração horizontal permitem a criação de furos laterais extensos dentro da formação rochosa alvo, maximizando a área de contacto e a troca de calor com o reservatório. Os poços multilaterais, que se ramificam a partir de um único poço vertical, melhoram ainda mais a conetividade do reservatório e a circulação de fluidos, aumentando a eficiência da recuperação de energia.

5.3 Desafios e considerações

Apesar dos potenciais benefícios dos EGS, há que enfrentar vários desafios técnicos, ambientais e económicos:

- **Risco sísmico:** A injeção de fluidos na subsuperfície durante as operações de EGS pode induzir micro-sismicidade ou desencadear eventos sísmicos, levando a preocupações sobre a sismicidade induzida e a potencial instabilidade do solo. As medidas de mitigação, como a monitorização sísmica, a avaliação de riscos e a gestão da taxa de injeção, são essenciais para minimizar o risco sísmico e garantir a segurança do projeto.
- **Eficiência da troca de calor:** Conseguir uma troca de calor eficiente entre o fluido injetado e a formação rochosa circundante é fundamental para maximizar a extração de energia em projectos de EGS. Factores como a permeabilidade do reservatório, as taxas de fluxo de fluido e a condutividade térmica influenciam a eficiência da troca de calor e a viabilidade global do projeto.
- **Gestão da água:** Os projectos EGS requerem quantidades significativas de água para a injeção e circulação de fluidos, o que suscita preocupações quanto à disponibilidade, utilização e eliminação da água. As práticas de gestão sustentável da água, incluindo a reciclagem de água, a reinjecção de salmoura e a recarga de aquíferos, são essenciais para minimizar o consumo de água e os impactos ambientais[5].
- **Custo e economia:** Os projectos EGS implicam frequentemente elevados custos de capital iniciais e riscos técnicos associados à perfuração, estimulação e engenharia de reservatórios. A viabilidade económica depende de factores como a dimensão dos recursos, o gradiente de temperatura, os preços da energia e os incentivos regulamentares. São necessários esforços contínuos de investigação, desenvolvimento e demonstração para reduzir os custos e melhorar a viabilidade comercial da tecnologia EGS.

5.4 Potencial dos EGS para uma maior produção de energia geotérmica

Apesar dos desafios, a EGS tem um enorme potencial para a expansão da produção de energia geotérmica:

- **Acessibilidade dos recursos**: A tecnologia EGS permite o acesso a vastos recursos geotérmicos localizados em regiões com formações rochosas de baixa permeabilidade, incluindo áreas fora dos pontos quentes geotérmicos tradicionais. Esta base de recursos alargada pode aumentar significativamente o potencial global de produção de energia geotérmica e reduzir a dependência dos combustíveis fósseis.

- **Energia de base renovável:** Os projectos EGS têm o potencial de fornecer energia de base renovável fiável, complementando fontes de energia renováveis intermitentes, como a energia eólica e solar. A natureza despachável da energia geotérmica torna-a um ativo valioso para a estabilidade da rede e a segurança energética, reduzindo a dependência de centrais eléctricas de pico baseadas em combustíveis fósseis.

- **Sustentabilidade a longo prazo:** A energia geotérmica é um recurso renovável com emissões mínimas de gases com efeito de estufa e impacto ambiental em comparação com as fontes de energia baseadas em combustíveis fósseis. Os projectos EGS, quando geridos adequadamente, podem fornecer energia sustentável e com baixo teor de carbono durante décadas ou mesmo séculos, contribuindo para os esforços globais de mitigação das alterações climáticas e de neutralidade carbónica[6].

5.5 Orientações e oportunidades futuras

A continuação dos esforços de investigação, desenvolvimento e demonstração é essencial para ultrapassar as barreiras técnicas e económicas e libertar todo o potencial da tecnologia EGS. As áreas-chave para a investigação e inovação futuras incluem

- Avanços nas técnicas de estimulação, engenharia de reservatórios e tecnologias de monitorização para melhorar a produtividade dos reservatórios e a eficiência da troca de calor.

- Integração de EGS com outras tecnologias de energias renováveis, sistemas de armazenamento de energia e infra-estruturas de redes inteligentes para otimizar a produção, o armazenamento e a utilização de energia.

- Colaboração entre agências governamentais, instituições de investigação, partes interessadas da indústria e o sector privado para acelerar a inovação tecnológica, reduzir os custos e promover a adoção generalizada de EGS em todo o mundo.

Em conclusão, os Sistemas Geotérmicos Avançados (EGS) oferecem uma via promissora para expandir a produção de energia geotérmica e desbloquear vastos recursos geotérmicos inexplorados em todo o mundo. Ao utilizar técnicas avançadas de engenharia, práticas de gestão de reservatórios e princípios de desenvolvimento sustentável, os EGS têm o potencial de fornecer energia fiável, renovável e com baixo teor de carbono para as gerações vindouras, contribuindo para um futuro energético mais sustentável e resiliente.

Capítulo 6

Biomassa e bioenergia

A biomassa e a bioenergia representam um caminho crítico para atingir os objectivos das energias renováveis e reduzir as emissões de gases com efeito de estufa. Esta exploração aprofunda a utilização de materiais orgânicos para a produção de biocombustíveis, incluindo os tipos de matérias-primas de biomassa, as tecnologias de conversão de biocombustíveis e as implicações ambientais e económicas da produção de bioenergia:

6.1 Tipos de matérias-primas de biomassa

As matérias-primas de biomassa abrangem uma vasta gama de materiais orgânicos derivados de plantas, culturas, resíduos florestais, resíduos agrícolas e resíduos sólidos urbanos orgânicos. Estas matérias-primas podem ser classificadas em termos gerais em:

- **Culturas energéticas:** As culturas energéticas dedicadas, como a switchgrass, o miscanthus e o salgueiro, são especificamente cultivadas para a produção de bioenergia. Estas culturas oferecem elevados rendimentos de biomassa, taxas de crescimento rápidas e o potencial para crescer em terras marginais, minimizando a concorrência com as culturas alimentares e preservando a terra arável para a produção de alimentos.

- **Resíduos agrícolas:** Os resíduos agrícolas, incluindo resíduos de culturas (como palha de milho, palha de trigo e cascas de arroz) e resíduos de processamento (como bagaço de cana-de-açúcar), são fontes abundantes de biomassa que podem ser convertidas em biocombustíveis e bioprodutos. A colheita de resíduos agrícolas para bioenergia pode ajudar a reduzir as queimadas nos campos, minimizar o desperdício e melhorar a saúde do solo através de práticas de gestão dos resíduos.

- **Biomassa florestal:** A biomassa florestal, incluindo resíduos do abate de árvores, serradura e desbaste florestal, pode ser utilizada para a produção de bioenergia, quer como matéria-prima em bruto, quer através da transformação em pellets de madeira, aparas ou briquetes. As práticas florestais sustentáveis, como a colheita selectiva e a replantação, asseguram a disponibilidade a longo prazo dos recursos de biomassa, mantendo simultaneamente a saúde e a biodiversidade do ecossistema florestal[7].

• **Resíduos orgânicos:** Os fluxos de resíduos orgânicos, tais como resíduos alimentares, resíduos de quintais e lamas de águas residuais, oferecem matérias-primas potenciais para a produção de bioenergia através de digestão anaeróbia, compostagem ou processos de conversão termoquímica. Ao desviar os resíduos orgânicos dos aterros e incineradores, a produção de bioenergia pode reduzir as emissões de metano, gerar energia renovável e recuperar nutrientes valiosos para a correção do solo.

6.2 Tecnologias de conversão de biocombustíveis

As tecnologias de conversão de biocombustíveis transformam as matérias-primas de biomassa em biocombustíveis líquidos, gasosos ou sólidos através de processos bioquímicos ou termoquímicos. As principais vias de conversão de biocombustíveis incluem:

• **Conversão bioquímica:** Os processos de conversão bioquímica, como a fermentação e a hidrólise enzimática, utilizam microrganismos ou enzimas para decompor os hidratos de carbono complexos das matérias-primas de biomassa em açúcares simples, que são depois convertidos em biocombustíveis como o etanol, o biodiesel e o biogás. As vias de conversão bioquímicas oferecem uma elevada eficiência energética, baixas emissões e a capacidade de utilizar uma vasta gama de matérias-primas.

• **Conversão termoquímica:** Os processos de conversão termoquímica, como a pirólise, a gaseificação e a liquefação hidrotérmica, utilizam o calor e a pressão para decompor as matérias-primas de biomassa em bio-óleos, gás de síntese (uma mistura de hidrogénio e monóxido de carbono) e biochar sólido ou biochar. As vias de conversão termoquímicas oferecem flexibilidade nos tipos de matéria-prima e teor de humidade e podem produzir uma variedade de biocombustíveis e bioprodutos para aplicações de calor, energia e transportes.

6.3 Implicações ambientais e económicas

A utilização de materiais orgânicos para a produção de biocombustíveis oferece vários benefícios ambientais e económicos:

• **Redução dos gases com efeito de estufa:** A produção de bioenergia pode ajudar a mitigar as alterações climáticas, reduzindo as emissões de gases com efeito de estufa em comparação com a combustão de combustíveis fósseis. As matérias-primas de biomassa são consideradas neutras ou negativas em termos de carbono, uma vez que absorvem CO_2 durante o crescimento e libertam-no durante a combustão, compensando as emissões de combustíveis fósseis e contribuindo para o sequestro líquido de carbono.

• **Fornecimento de energia renovável:** A bioenergia contribui para diversificar o aprovisionamento energético e reduzir a dependência de combustíveis fósseis finitos. Os biocombustíveis podem ser utilizados em infra-estruturas e veículos existentes, oferecendo uma solução facilmente disponível e escalável para a transição para fontes de energia renováveis.

• **Desenvolvimento rural e criação de emprego:** A produção de bioenergia pode estimular as economias rurais e criar oportunidades de emprego na agricultura, silvicultura e indústrias de biocombustíveis. O cultivo, a colheita, o processamento e a distribuição de matérias-primas de biomassa apoiam as comunidades locais e contribuem para o desenvolvimento rural e a resiliência económica.

• **Redução de resíduos e recuperação de recursos:** A produção de bioenergia a partir de fluxos de resíduos orgânicos ajuda a desviar os resíduos dos aterros e incineradores, reduzindo as emissões de metano e conservando recursos valiosos. Ao valorizar os resíduos orgânicos em energia renovável e bioprodutos, a bioenergia apoia os princípios da economia circular de eficiência de recursos e minimização de resíduos.

6.4 Desafios e oportunidades

Apesar dos potenciais benefícios, a adoção generalizada da biomassa e da bioenergia enfrenta vários desafios, nomeadamente

• **Disponibilidade e sustentabilidade das matérias-primas:** Para garantir um abastecimento sustentável e fiável de matérias-primas de biomassa é necessário abordar questões como a concorrência na utilização dos solos, a conservação da biodiversidade, a utilização da água e os serviços ecossistémicos. As práticas sustentáveis de produção de biomassa, as políticas de gestão dos solos e os sistemas de certificação podem ajudar a mitigar os impactes ambientais e a salvaguardar os recursos naturais.

• **Avanço tecnológico e aumento de escala:** São necessários esforços contínuos de investigação, desenvolvimento e demonstração para fazer avançar as tecnologias de conversão de biocombustíveis, melhorar a eficiência, reduzir os custos e aumentar a produção para níveis comerciais. A inovação na otimização dos processos, o pré-tratamento das matérias-primas e a diversificação dos produtos podem aumentar a competitividade e a viabilidade dos projectos de bioenergia.

• **Apoio político e incentivos de mercado:** Os quadros políticos, a regulamentação e os incentivos ao mercado desempenham um papel crucial na promoção da implantação da bioenergia e no estímulo ao investimento na produção de biocombustíveis. Medidas como as normas relativas aos combustíveis renováveis, os créditos fiscais, a tarifação do carbono e as tarifas de aquisição podem criar condições de mercado favoráveis e incentivar a participação do sector privado no desenvolvimento da bioenergia[8].

6.5 Direcções e potencialidades futuras

A biomassa e a bioenergia têm potencial para desempenhar um papel significativo na transição para um futuro energético sustentável e com baixas emissões de carbono. As direcções e oportunidades futuras para a biomassa e a bioenergia incluem:

• **Integração com sistemas de energias renováveis:** A biomassa e a bioenergia podem complementar outras fontes de energia renováveis, como a eólica, a solar e a hidroelétrica, para proporcionar um cabaz energético equilibrado e resiliente. Os sistemas energéticos integrados, que combinam a bioenergia com o armazenamento de energia, a gestão da rede e as tecnologias do lado da procura, podem aumentar a fiabilidade, a flexibilidade e a sustentabilidade do aprovisionamento energético.

• **Biocombustíveis avançados e bioprodutos:** Os esforços de investigação e desenvolvimento centram-se no avanço da próxima geração de biocombustíveis, como o etanol celulósico, o gasóleo de base biológica, o gás natural renovável e os combustíveis para a aviação. Estes biocombustíveis avançados oferecem maior densidade energética, menos emissões e compatibilidade com as infra-estruturas existentes, tornando-os alternativas atractivas aos combustíveis fósseis convencionais.

• **Bioeconomia circular e biorrefinarias:** O conceito de bioeconomia circular envolve a otimização da utilização de recursos, a valorização de resíduos e os conceitos de biorrefinaria para maximizar o valor das matérias-primas de biomassa e minimizar a pegada ambiental. As biorrefinarias integram múltiplas tecnologias de conversão para produzir uma gama de biocombustíveis, bioquímicos, biomateriais e bioprodutos, criando novos fluxos de receitas e reduzindo a dependência de recursos fósseis.

• **Colaboração internacional e partilha de conhecimentos:** A cooperação internacional, o intercâmbio de conhecimentos e o desenvolvimento de capacidades são essenciais para acelerar a implantação de tecnologias de biomassa e bioenergia em todo o mundo. A colaboração entre governos, instituições de investigação, partes interessadas da indústria e organizações da sociedade civil pode facilitar a transferência de tecnologia, a harmonização de políticas e a divulgação de melhores práticas, promovendo a segurança energética global, a sustentabilidade e a resiliência[9].

Em conclusão, a utilização de materiais orgânicos para a produção de biocombustíveis constitui uma via promissora para atingir os objectivos em matéria de energias renováveis, reduzir as emissões de gases com efeito de estufa e promover o desenvolvimento sustentável. Ao tirar partido dos recursos de biomassa, ao fazer avançar as tecnologias de conversão de biocombustíveis e ao enfrentar os desafios ambientais e económicos, a biomassa e a bioenergia podem contribuir para um futuro energético mais seguro, acessível e ambientalmente sustentável para as gerações vindouras.

Capítulo 7

Combustão de biomassa

A combustão de biomassa é um processo que envolve a queima de materiais orgânicos, tais como madeira, resíduos agrícolas e culturas energéticas específicas, para produzir calor, vapor ou eletricidade. Esta exploração aprofunda os princípios, as aplicações, os impactos ambientais e os desafios associados à combustão de biomassa:

7.1 Princípios da combustão da biomassa

A combustão da biomassa baseia-se na combustão de materiais orgânicos na presença de oxigénio para libertar energia térmica através de reacções químicas exotérmicas[10]. O processo de combustão envolve normalmente três fases principais:

- **Secagem:** Na fase inicial, a humidade presente na biomassa evapora-se à medida que o material é aquecido. A secagem é essencial para aumentar a eficiência da combustão e evitar a perda de energia devido ao calor latente de vaporização.
- **Pirólise:** À medida que a temperatura aumenta, os componentes voláteis da biomassa decompõem-se em gases, líquidos e carvão através de reacções de pirólise. Estes produtos intermédios contribuem para o processo global de combustão e influenciam a cinética da combustão e as emissões.
- **Combustão:** A fase final envolve a oxidação de gases voláteis e resíduos de carvão para libertar calor, dióxido de carbono (CO_2), vapor de água (H_2O) e outros produtos de combustão. O calor da combustão é utilizado para aplicações de aquecimento, geração de vapor ou produção de eletricidade através de turbinas a vapor ou motores de combustão interna.

7.2 Aplicações da combustão de biomassa

A combustão de biomassa tem diversas aplicações nos sectores residencial, comercial, industrial e institucional:

- **Aquecimento residencial:** Os fogões, fornos e caldeiras de biomassa fornecem aquecimento e água quente sanitária a casas individuais, apartamentos e comunidades rurais. Os pellets de madeira, os troncos e os resíduos agrícolas são normalmente utilizados como combustíveis de biomassa para fins residenciais.
- **Aquecimento comercial e institucional:** Os sistemas de aquecimento a biomassa servem escolas, hospitais, escritórios, hotéis e outros edifícios comerciais,

oferecendo soluções de aquecimento sustentáveis e económicas. As redes de aquecimento urbano utilizam caldeiras de biomassa centralizadas para fornecer calor a vários edifícios através de sistemas de tubagem subterrâneos.

- **Calor de processo industrial:** Os fornos e caldeiras de combustão de biomassa fornecem calor de processo para aplicações industriais, como o processamento de alimentos, o fabrico de papel, a secagem de madeira e a produção de biocombustíveis. Os resíduos de biomassa dos processos industriais podem ser reciclados como combustível para a produção de energia no local.

- **Produção combinada de calor e eletricidade (CHP):** As centrais CHP alimentadas a biomassa geram eletricidade e calor a partir de matérias-primas de biomassa, maximizando a eficiência energética e a utilização de recursos. Os sistemas CHP são utilizados em redes de aquecimento urbano, instalações industriais e centrais de cogeração para satisfazer simultaneamente a procura de eletricidade e de energia térmica.

7.3 Impactos ambientais

A combustão de biomassa oferece vários benefícios ambientais em comparação com a combustão de combustíveis fósseis; no entanto, também coloca desafios ambientais:

- **Neutralidade de carbono:** A combustão da biomassa é considerada neutra em termos de carbono a longo prazo, uma vez que o $CO2$ emitido durante a combustão é compensado pelo $CO2$ absorvido durante o crescimento da biomassa. As práticas de gestão florestal sustentável e a utilização de resíduos de biomassa ajudam a manter o equilíbrio do carbono e promovem a produção de energia renovável[11].

- **Qualidade do ar:** A combustão da biomassa emite poluentes atmosféricos, tais como partículas (PM), monóxido de carbono (CO), óxidos de azoto (NOx), compostos orgânicos voláteis (COV) e dióxido de enxofre ($SO2$). A conceção adequada do equipamento de combustão, a preparação do combustível e as tecnologias de controlo das emissões são essenciais para minimizar as emissões atmosféricas e garantir a conformidade com os regulamentos ambientais.

- **Eliminação de cinzas e gestão de resíduos:** A combustão da biomassa gera cinzas e resíduos sólidos que requerem uma eliminação ou utilização correcta para evitar a contaminação ambiental. A reciclagem das cinzas como corretivo ou fertilizante do solo pode fechar os ciclos de nutrientes e melhorar a fertilidade do solo, enquanto a eliminação das cinzas em aterros ou incineradores exige uma gestão cuidadosa para minimizar o impacto ambiental.

- **Impactos na cadeia de abastecimento de biomassa:** O abastecimento sustentável e o transporte de matérias-primas de biomassa podem ter implicações ambientais, incluindo a alteração da utilização dos solos, a destruição de habitats, a erosão dos solos e o consumo de água. As práticas sustentáveis de produção de biomassa, como a agrossilvicultura, a rotação de culturas e a irrigação com eficiência hídrica, são essenciais para atenuar estes impactos e garantir a sustentabilidade a longo prazo dos recursos de biomassa.

7.4 Desafios e oportunidades

A combustão da biomassa enfrenta vários desafios e oportunidades para o avanço da produção sustentável de energia:

- **Disponibilidade e logística das matérias-primas:** Para garantir um fornecimento fiável e sustentável de matérias-primas de biomassa é necessário abordar questões como a disponibilidade, a qualidade, o armazenamento e a logística de transporte da biomassa. A avaliação dos recursos de biomassa, a otimização da cadeia de abastecimento e a diversificação das matérias-primas podem aumentar a disponibilidade de biomassa e a resistência a perturbações no abastecimento.

- **Eficiência e desempenho:** Melhorar a eficiência e o desempenho dos sistemas de combustão de biomassa é essencial para maximizar a eficiência da conversão de energia e reduzir as emissões. Os esforços de investigação e desenvolvimento centram-se em tecnologias de combustão avançadas, métodos de pré-tratamento da biomassa e sistemas energéticos integrados para otimizar a utilização da biomassa e a recuperação de energia.

- **Apoio político e incentivos de mercado:** Os quadros políticos, os regulamentos e os incentivos de mercado desempenham um papel crucial na promoção da combustão da biomassa e no incentivo ao investimento em projectos de energia a partir da biomassa. As metas para as energias renováveis, as tarifas de aquisição, os preços do carbono e os incentivos fiscais podem criar condições de mercado favoráveis e estimular a utilização da biomassa em todos os sectores.

- **Inovação e integração tecnológica:** A inovação nas tecnologias de combustão de biomassa, como as caldeiras de leito fluidizado, a gaseificação e a co-combustão com combustíveis fósseis, pode aumentar a flexibilidade, a escalabilidade e a eficiência do sistema. A integração com sistemas de energias renováveis, tecnologias de armazenamento de energia e infra-estruturas de redes inteligentes pode otimizar a utilização da biomassa e apoiar a transição para um futuro energético com baixas emissões de carbono.

7.5 Direcções futuras e potencial

A combustão da biomassa tem potencial para desempenhar um papel significativo na transição energética global, fornecendo soluções energéticas renováveis, fiáveis e despacháveis. As direcções futuras e as oportunidades potenciais para a combustão da biomassa incluem:

- **Aumentar a implantação da biomassa:** A expansão da capacidade de combustão da biomassa e a diversificação das matérias-primas da biomassa podem aumentar a contribuição da energia da biomassa para o cabaz energético global, reduzir a dependência dos combustíveis fósseis e atenuar os impactos das alterações climáticas.

- **Integração com tecnologias de bioenergia:** A combustão da biomassa pode ser integrada noutras tecnologias bioenergéticas, como a digestão anaeróbia, a pirólise e a conversão bioquímica, para maximizar a utilização dos recursos e produzir uma gama de biocombustíveis, bioquímicos e bioprodutos para várias aplicações.

- **Desenvolvimento da bioeconomia circular:** A combustão da biomassa desempenha um papel fundamental na bioeconomia circular, valorizando os fluxos de resíduos orgânicos, promovendo a eficiência dos recursos e fechando os circuitos dos materiais. As estratégias da bioeconomia circular, como a bioenergia em cascata, a conversão de resíduos em energia e os conceitos de biorrefinaria, podem criar sinergias entre os sectores da energia, da agricultura, da silvicultura e da gestão de resíduos.

- **Colaboração internacional e partilha de conhecimentos:** A cooperação internacional, o intercâmbio de conhecimentos e a criação de capacidades são essenciais para fazer avançar as tecnologias de combustão da biomassa, partilhar as melhores práticas e enfrentar os desafios energéticos e ambientais globais. A colaboração entre países, instituições de investigação, partes interessadas da indústria e organizações da sociedade civil pode acelerar a implantação de soluções de energia da biomassa e contribuir para os objectivos de desenvolvimento sustentável[12].

Em conclusão, a combustão da biomassa representa uma via de energia renovável versátil e escalável para satisfazer a procura de energia, reduzir as emissões de gases com efeito de estufa e promover o desenvolvimento sustentável. Ao tirar partido dos recursos da biomassa, ao fazer avançar as tecnologias de combustão e ao abordar considerações ambientais e socioeconómicas, a combustão da biomassa pode contribuir para um futuro energético mais resiliente, equitativo e com baixas emissões de carbono para as comunidades de todo o mundo.

Capítulo 8

Produção de biogás

A produção de biogás a partir de resíduos e a utilização de culturas bioenergéticas como fontes de combustível renovável representam vias promissoras para a produção de energia sustentável. Esta exploração aprofunda os princípios, os processos, as aplicações e o potencial da produção de biogás e das culturas bioenergéticas para a produção de combustíveis renováveis:

8.1 Produção de biogás a partir de resíduos

A produção de biogás envolve a digestão anaeróbia (DA) de materiais orgânicos, como resíduos agrícolas, resíduos alimentares, estrume animal e lamas de águas residuais, para produzir uma mistura de metano (CH4) e dióxido de carbono (CO2), juntamente com pequenas quantidades de outros gases. O processo de digestão anaeróbia ocorre num ambiente selado e isento de oxigénio e passa por várias fases:

- **Hidrólise:** Os compostos orgânicos complexos presentes na matéria-prima são decompostos em moléculas mais simples, como açúcares, aminoácidos e ácidos gordos, por enzimas hidrolíticas produzidas por bactérias e microrganismos.
- **Acidogénese:** As bactérias acidogénicas metabolizam ainda mais os produtos intermédios da hidrólise, produzindo ácidos orgânicos, ácidos gordos voláteis (AGV) e hidrogénio (H2) como subprodutos da fermentação.
- **Acetogénese:** As bactérias acetogénicas convertem os AGV e outros subprodutos da fermentação em acetato, hidrogénio e CO2 através de reacções de acetogénese.
- **Metanogénese:** As arqueias metanogénicas consomem acetato, hidrogénio e CO2 para produzir metano (CH4) e CO2 como produtos finais do processo de digestão anaeróbia.

O biogás produzido a partir da digestão anaeróbia pode ser utilizado diretamente para aquecimento, cozinha ou produção de eletricidade, ou transformado em biometano através de processos de purificação para injeção em gasodutos de gás natural ou aplicações como combustível para transportes[12].

8.2 Aplicações do biogás

O biogás tem diversas aplicações nos sectores residencial, comercial, industrial e agrícola:

- **Produção de eletricidade:** O biogás pode ser utilizado em sistemas combinados de calor e eletricidade (CHP), turbinas a gás ou motores de combustão interna para gerar eletricidade e calor para aplicações no local ou ligadas à rede.
- **Produção de calor e vapor:** A combustão do biogás pode fornecer aquecimento ambiente, água quente e vapor para instalações residenciais, comerciais e industriais, substituindo os sistemas de aquecimento baseados em combustíveis fósseis e reduzindo as emissões de gases com efeito de estufa.
- **Combustível para transportes:** o biometano produzido a partir do biogás pode ser comprimido ou liquefeito para utilização como combustível renovável para transportes em veículos a gás natural (GNV) ou misturado com gás natural convencional para abastecimento de veículos.
- **Bioprodutos e Bioquímicos:** Os resíduos da digestão do biogás, conhecidos como digeridos, podem ser utilizados como correctivos do solo, fertilizantes ou cama para o gado, fechando os ciclos de nutrientes e melhorando a saúde do solo.

8.3 Potencial das culturas bioenergéticas como fontes de combustível renovável

As culturas bioenergéticas são culturas energéticas dedicadas, cultivadas especificamente para a produção de biocombustíveis, que oferecem elevados rendimentos de biomassa, taxas de crescimento rápidas e características energéticas favoráveis. As culturas bioenergéticas mais comuns incluem:

- **Switchgrass:** O switchgrass é uma espécie de gramínea perene nativa da América do Norte, conhecida por sua alta produtividade de biomassa, adaptabilidade a diversos climas e solos e baixa necessidade de insumos. O switchgrass pode ser convertido em etanol celulósico, biogás ou biocombustíveis sólidos para geração de calor e energia.
- **Miscanthus:** O Miscanthus é uma espécie de gramínea perene nativa da Ásia, valorizada pelo seu elevado potencial de produção de biomassa, eficiência na utilização da água e dos nutrientes e capacidade de sequestro de carbono. O Miscanthus pode ser utilizado para a produção de bioenergia através de processos de combustão, gaseificação ou conversão bioquímica.
- **Salgueiro e choupo:** O salgueiro e o choupo são espécies lenhosas de crescimento rápido adequadas para sistemas de talhadia de curta rotação (SRC), oferecendo uma rápida acumulação de biomassa, elevada densidade energética e colheitas múltiplas

em ciclos de rotação curtos. A biomassa do salgueiro e do choupo pode ser utilizada para a produção de calor, eletricidade ou biocombustíveis através de tecnologias de combustão, pirólise ou gaseificação[11].

8.4 Implicações ambientais e económicas

A produção de biogás a partir de resíduos e o cultivo de culturas bioenergéticas oferecem vários benefícios ambientais e económicos:

- **Redução de gases com efeito de estufa:** A produção de biogás a partir de fluxos de resíduos orgânicos ajuda a mitigar as emissões de metano dos aterros sanitários e das estações de tratamento de águas residuais, reduzindo as emissões de gases com efeito de estufa e contribuindo para os esforços de mitigação das alterações climáticas.
- **Recuperação de recursos:** A digestão anaeróbia de resíduos orgânicos converte os resíduos em energia renovável e bioprodutos, recuperando recursos valiosos e desviando os resíduos dos aterros ou incineradores.
- **Fornecimento de energia renovável:** O biogás e as culturas bioenergéticas contribuem para diversificar o aprovisionamento energético e reduzir a dependência dos combustíveis fósseis, aumentando a segurança energética e a resistência às perturbações do aprovisionamento.

Desenvolvimento rural: A produção de bioenergia a partir de resíduos e de culturas bioenergéticas pode estimular as economias rurais, criar oportunidades de emprego e apoiar a diversificação agrícola e a geração de rendimentos para os agricultores e as comunidades rurais.

8.5 Desafios e oportunidades

Apesar dos potenciais benefícios, a produção de biogás e o cultivo de culturas bioenergéticas enfrentam vários desafios e oportunidades:

- **Disponibilidade e qualidade das matérias-primas:** Para garantir um abastecimento fiável e sustentável de matérias-primas de biomassa, é necessário abordar questões como a disponibilidade, a qualidade, o armazenamento e a logística de transporte das matérias-primas. Os acordos com produtores de resíduos, produtores agrícolas e fornecedores de biomassa podem garantir contratos de fornecimento de biomassa a longo prazo e promover práticas sustentáveis de gestão de matérias-primas.

- **Otimização da tecnologia:** A otimização dos processos de produção de biogás, o aumento da eficiência da conversão e a redução dos custos de capital e operacionais são essenciais para aumentar a competitividade e a viabilidade da produção de biogás e do cultivo de culturas bioenergéticas. Os esforços de investigação e desenvolvimento centram-se no avanço das tecnologias de digestão anaeróbia, na melhoria das vias de conversão da biomassa e na integração de conceitos de biorrefinaria para maximizar a utilização de recursos e a produção de produtos de valor acrescentado.

- **Apoio político e incentivos de mercado:** Os quadros políticos, os regulamentos e os incentivos de mercado desempenham um papel crucial na promoção da produção de biogás e das culturas bioenergéticas e no incentivo ao investimento em projectos de energias renováveis. As tarifas de alimentação, os mandatos de energias renováveis, os preços do carbono e os incentivos fiscais podem criar condições de mercado favoráveis e estimular a participação do sector privado no desenvolvimento da bioenergia.

- **Uso sustentável da terra:** Equilibrar o cultivo de culturas bioenergéticas com outros usos da terra, como a produção de alimentos, a conservação da biodiversidade e os serviços ecossistémicos, é essencial para promover práticas sustentáveis de uso da terra e evitar impactos ambientais negativos. O planeamento do uso da terra, os regulamentos de zoneamento e os esquemas de certificação podem ajudar a garantir o cultivo responsável de culturas bioenergéticas e minimizar os conflitos de uso da terra.

8.6 Direcções e potencialidades futuras

A produção de biogás a partir de resíduos e o cultivo de culturas bioenergéticas oferecem um potencial significativo para a produção sustentável de energia e a utilização de recursos:

- **Integração com a economia circular:** A produção de biogás a partir de fluxos de resíduos orgânicos e o cultivo de culturas bioenergéticas podem promover os princípios da economia circular de eficiência de recursos, valorização de resíduos e reciclagem de materiais. As estratégias de bioeconomia circular, como a bioenergia em cascata, a conversão de resíduos em energia e os conceitos de biorrefinaria, podem criar sinergias entre os sectores da energia, da agricultura, da silvicultura e da gestão de resíduos, contribuindo para os objectivos de desenvolvimento sustentável.

- **Inovação tecnológica:** São necessários esforços contínuos de investigação, desenvolvimento e demonstração para fazer avançar as tecnologias de produção de biogás, otimizar as vias de conversão da biomassa e aumentar a escala das culturas bioenergéticas. A inovação nos processos de digestão, nos métodos de pré-tratamento da matéria-prima e nos sistemas integrados de biorefinaria pode aumentar a eficiência energética, reduzir a pegada ambiental e alargar a gama de produtos e aplicações da bioenergia.
- **Colaboração internacional e partilha de conhecimentos:** A cooperação internacional, o intercâmbio de conhecimentos e a capacitação são essenciais para acelerar a implantação de tecnologias de geração de biogás e de cultivo de culturas bioenergéticas em todo o mundo. A colaboração entre países, instituições de investigação, partes interessadas da indústria e organizações da sociedade civil pode facilitar a transferência de tecnologia, a harmonização de políticas e a disseminação de melhores práticas, promovendo a segurança energética global, a sustentabilidade e a resiliência.

Em conclusão, a produção de biogás a partir de resíduos e o cultivo de culturas bioenergéticas oferecem vias promissoras para a produção de energias renováveis, a gestão de resíduos e o desenvolvimento rural. Ao tirar partido dos fluxos de resíduos orgânicos, ao fazer avançar as tecnologias de digestão anaeróbia e ao promover práticas sustentáveis de cultivo de culturas bioenergéticas, o biogás e as culturas bioenergéticas podem contribuir para um futuro energético mais resiliente, equitativo e com baixas emissões de carbono para as comunidades de todo o mundo.

Capítulo 9

Energia dos oceanos

A energia dos oceanos refere-se à vasta energia potencial derivada dos processos naturais dos oceanos, incluindo ondas, marés, correntes, diferenciais de temperatura e gradientes de salinidade. Esta exploração centra-se na energia das marés, uma das formas mais proeminentes de energia dos oceanos:

9.1 Energia das marés

A energia das marés aproveita a energia cinética gerada pelas forças gravitacionais da lua e do sol, causando a subida e descida periódica das marés oceânicas. Os principais aspectos da energia das marés incluem:

- **Amplitude das marés e produção de energia:** A amplitude das marés, a diferença vertical do nível da água entre a maré alta e a maré baixa, determina o potencial energético disponível para a produção de energia das marés. A energia das marés pode ser aproveitada através de várias tecnologias, incluindo barragens de marés, turbinas de correntes de marés e lagoas de marés.

- **Barragens de maré:** As barragens de marés são grandes estruturas construídas em estuários ou baías costeiras para captar e armazenar a energia das marés durante as marés altas. Quando a maré baixa, a água é libertada através de turbinas para produzir eletricidade. As barragens de marés caracterizam-se por elevados custos de capital, longos prazos de construção e impactos ambientais significativos, incluindo a perturbação de habitats e a sedimentação[13].

- **Turbinas de correntes de maré:** As turbinas de correntes de maré, também conhecidas como turbinas subaquáticas ou turbinas de maré, funcionam de forma semelhante às turbinas eólicas, mas são submersas para captar a energia cinética das correntes de maré. As turbinas de correntes de maré podem ser instaladas individualmente ou em conjuntos ao longo do fundo do mar para minimizar o impacto ambiental e otimizar a eficiência da captação de energia.

- **Lagoas de marés:** As lagoas de marés são embaiamentos ou bacias costeiras construídas artificialmente, equipadas com comportas ou turbinas para aproveitar a energia das marés. As lagoas de marés funcionam segundo o princípio da amplificação da amplitude das marés, capturando e concentrando a energia das marés numa área confinada para maximizar o potencial de produção de energia.

9.2 Considerações ambientais

Os projectos de energia das marés devem considerar os impactos ambientais e as medidas de atenuação para garantir um desenvolvimento sustentável:

- **Ecossistemas marinhos:** Os projectos de energia das marés podem ter impacto nos ecossistemas marinhos através da alteração do habitat, de mudanças nos padrões de fluxo de água e da perturbação da flora e fauna marinhas. As avaliações de impacto ambiental (AIA), os programas de monitorização do habitat e o planeamento espacial marinho são essenciais para identificar áreas sensíveis, minimizar a perturbação ecológica e atenuar os potenciais impactos na biodiversidade marinha.

- **Pescas e navegação:** As instalações de energia das marés podem representar riscos para a pesca comercial e recreativa, bem como para as rotas de navegação marítima. É necessário consultar as partes interessadas nas pescas, gerir o tráfego de embarcações e avaliar os riscos de navegação para resolver as questões de segurança e atenuar os conflitos entre o desenvolvimento da energia das marés e as actividades marinhas existentes.

- **Transporte de sedimentos:** As barragens de marés e as lagoas podem perturbar os processos naturais de transporte de sedimentos, levando à acumulação de sedimentos, à erosão e a alterações na morfologia costeira. A modelação do transporte de sedimentos, os programas de monitorização dos sedimentos e as estratégias de gestão adaptativa são essenciais para manter o equilíbrio dos sedimentos e minimizar os riscos de erosão costeira associados aos projectos de energia das marés.

- **Ruído e campos electromagnéticos:** As turbinas de marés geram ruído subaquático e campos electromagnéticos (CEM) que podem afetar os mamíferos marinhos, o comportamento dos peixes e as funções sensoriais. A investigação sobre os potenciais impactos do ruído e dos campos electromagnéticos nas espécies marinhas, bem como as medidas de atenuação, como as modificações na conceção das turbinas e as restrições operacionais, podem ajudar a minimizar as perturbações ecológicas e a proteger os habitats marinhos sensíveis.

9.3 Avanços tecnológicos

Os esforços de investigação e desenvolvimento em curso visam melhorar a eficiência, a fiabilidade e a relação custo-eficácia das tecnologias de energia das marés:

- **Materiais e conceção avançados:** Os avanços na ciência dos materiais, na conceção das turbinas e nas técnicas de fabrico estão a melhorar o desempenho e a durabilidade das turbinas de marés, reduzindo os requisitos de manutenção e os custos operacionais[14].
- **Otimização do conjunto:** A otimização da disposição, espaçamento e orientação dos conjuntos de turbinas de marés pode maximizar a eficiência da captação de energia, minimizar os efeitos de esteira e otimizar a produção de energia das instalações de energia das marés.
- **Monitorização e controlo remotos:** Os sistemas de monitorização remota, os sensores e a análise preditiva permitem a monitorização do desempenho em tempo real, a manutenção baseada nas condições e as estratégias de controlo adaptativo para otimizar as operações de energia das marés e maximizar o rendimento energético.
- **Integração na rede e armazenamento de energia:** A integração da energia das marés na rede eléctrica requer avaliações da compatibilidade da rede, infra-estruturas de ligação à rede e soluções de armazenamento de energia para gerir a produção intermitente de energia e garantir a estabilidade e fiabilidade da rede.

9.4 Viabilidade económica e potencial de mercado

Apesar dos desafios técnicos e ambientais, a energia das marés tem um potencial económico e oportunidades de mercado significativos:

- **Objectivos para as energias renováveis:** A energia das marés contribui para atingir os objectivos das energias renováveis, reduzir as emissões de gases com efeito de estufa e aumentar a segurança energética, diversificando o cabaz energético e reduzindo a dependência dos combustíveis fósseis.
- **Comunidades costeiras:** Os projectos de energia das marés podem estimular o desenvolvimento económico, criar empregos e gerar receitas para as comunidades costeiras através do investimento em infra-estruturas, do desenvolvimento da cadeia de abastecimento local e de oportunidades de turismo.

- **Mercados internacionais:** As tecnologias e competências no domínio da energia das marés podem ser exportadas para mercados internacionais com características de recursos de marés semelhantes, proporcionando oportunidades de transferência de tecnologia, intercâmbio de conhecimentos e colaboração em iniciativas globais de transição energética.

9.5 Direcções e desafios futuros

A energia das marés continua a evoluir como uma fonte de energia renovável promissora, mas há vários desafios e oportunidades pela frente:

- **Inovação tecnológica:** A inovação contínua nas tecnologias da energia das marés, na ciência dos materiais e na integração de sistemas é essencial para reduzir os custos, melhorar a fiabilidade e libertar todo o potencial dos recursos da energia das marés.
- **Sustentabilidade ambiental:** A avaliação do impacto ambiental, o envolvimento das partes interessadas e a gestão adaptativa são fundamentais para garantir o desenvolvimento sustentável dos projectos de energia das marés e minimizar os impactos ecológicos nos ecossistemas marinhos.
- **Apoio político:** Os quadros políticos, os incentivos regulamentares e os mecanismos financeiros desempenham um papel crucial na atração de investimentos, na redução do risco dos projectos e na promoção da aceitação pelo mercado das tecnologias da energia das marés.
- **Colaboração internacional:** A colaboração entre governos, partes interessadas da indústria, instituições de investigação e organizações da sociedade civil é essencial para fazer avançar a investigação sobre a energia das marés, partilhar as melhores práticas e enfrentar desafios comuns nos esforços globais de transição energética.

Em conclusão, a energia das marés representa uma fonte de energia renovável promissora com um potencial significativo para contribuir para a transição energética global. Ao aproveitar o poder das marés oceânicas de uma forma ambientalmente responsável, a energia das marés pode fornecer eletricidade limpa, fiável e sustentável às comunidades costeiras e contribuir para atenuar os impactos das alterações climáticas. No entanto, a investigação contínua, a inovação tecnológica e o apoio político são essenciais para superar os desafios técnicos, ambientais e económicos e concretizar todos os benefícios da energia das marés à escala global.

Capítulo 10

Conversores de energia das ondas

10.1 Conversores de energia das ondas (WEC)

Os conversores de energia das ondas captam a energia cinética das ondas do mar e convertem-na em eletricidade. Os conversores de energia das ondas (WEC) e as tecnologias de conversão de energia térmica dos oceanos (OTEC) são abordagens inovadoras para aproveitar os vastos recursos energéticos dos oceanos do mundo. Vamos explorar cada uma destas tecnologias em pormenor:

- **Absorvedores pontuais:** Os absorvedores pontuais são dispositivos flutuantes que se movem para cima e para baixo com o movimento das ondas, accionando bombas hidráulicas ou geradores lineares para gerar eletricidade. Podem ser instalados em conjuntos ao largo ou perto da linha costeira para captar a energia das ondas de forma eficiente.
- **Colunas de Água Oscilantes (CAO):** As CAO consistem em câmaras parcialmente submersas abertas ao mar, com ondas que entram e comprimem o ar no seu interior. O ar é então forçado a passar por uma turbina para gerar eletricidade à medida que sai da câmara. As CAO são frequentemente integradas em estruturas costeiras ou plataformas offshore.
- **Dispositivos de transbordo:** Os dispositivos de transbordo utilizam a energia potencial das ondas para encher um reservatório ou bacia localizada a uma altitude superior. A água armazenada é depois libertada através de turbinas para gerar eletricidade. Os dispositivos de transbordo podem ser integrados em quebra-mares ou estruturas costeiras para atenuar o impacto das ondas e, ao mesmo tempo, captar energia.
- **Atenuadores e conversores de surto de onda oscilante (OWSCs):** Os atenuadores e os OWSC são estruturas longas e flutuantes alinhadas com a direção de propagação das ondas. Captam a energia das ondas através do movimento relativo de secções flutuantes ou corpos oscilantes, accionando sistemas de tomada de força para gerar eletricidade[15].

As vantagens dos conversores de energia das ondas incluem a sua elevada densidade energética, previsibilidade e potencial para a produção contínua de eletricidade. Constituem uma fonte de energia renovável que complementa outras formas de energia renovável, como a eólica e a solar, e podem contribuir para a estabilidade da rede e a segurança energética. No entanto, é necessário enfrentar desafios como os elevados custos iniciais, a complexidade tecnológica, os impactos ambientais e a escalabilidade limitada para concretizar todo o potencial dos conversores de energia das ondas.

10.2 Conversão da energia térmica dos oceanos (OTEC)

A conversão da energia térmica oceânica (OTEC) aproveita a diferença de temperatura entre as águas superficiais quentes e as águas profundas frias para gerar eletricidade. Os sistemas OTEC são normalmente constituídos pelos seguintes componentes:

- **Permutador de calor de superfície:** A água do mar superficial quente é bombeada através de um permutador de calor, onde vaporiza um fluido de trabalho com um baixo ponto de ebulição, como o amoníaco ou um hidrocarboneto.
- **Sistema de Turbina-Gerador:** O fluido de trabalho vaporizado expande-se através de uma turbina, accionando um gerador para produzir eletricidade.
- **Tubo de água fria:** O fluido de trabalho agora arrefecido é condensado de volta ao estado líquido pela água fria do mar profundo bombeada através de um tubo separado. O fluido condensado é então reciclado de volta para o permutador de calor para repetir o ciclo.

Os sistemas OTEC podem ser classificados em três tipos principais com base na diferença de temperatura utilizada:

- **OTEC de ciclo fechado:** Os sistemas OTEC de ciclo fechado utilizam um fluido de trabalho em circuito fechado que circula entre o permutador de calor e a turbina. São adequados para diferenciais de temperatura mais pequenos e podem funcionar em regiões tropicais e subtropicais com acesso a água do mar fria e profunda.
- **OTEC de ciclo aberto:** Os sistemas OTEC de ciclo aberto utilizam diretamente a água do mar como fluido de trabalho, que é vaporizado no permutador de calor e descarregado como vapor através da turbina. Os sistemas de ciclo aberto são mais eficientes para grandes diferenças de temperatura, mas requerem o acesso a águas superficiais quentes e a águas profundas frias[14].
- **OTEC híbrida:** Os sistemas OTEC híbridos combinam elementos de OTEC de ciclo fechado e de ciclo aberto para otimizar o desempenho e a eficiência. Podem

utilizar uma combinação de permutadores de calor de ciclo fechado e de ciclo aberto para maximizar a extração de energia dos gradientes térmicos oceânicos[15].

Em conclusão, os conversores de energia das ondas e as tecnologias de conversão de energia térmica dos oceanos (OTEC) representam abordagens promissoras para explorar os vastos recursos energéticos dos oceanos do mundo. Ao aproveitar o movimento das ondas e os gradientes de temperatura dos oceanos, estas tecnologias oferecem soluções energéticas renováveis e sustentáveis que podem contribuir para a segurança energética global, atenuar os impactos das alterações climáticas e apoiar o desenvolvimento económico nas regiões costeiras. Os esforços contínuos de investigação, desenvolvimento e implantação são essenciais para ultrapassar os desafios técnicos, económicos e ambientais e libertar todo o potencial da energia dos oceanos.

Referências

[1] Zou, L., Liu, Y., Yu, M., & Yu, J. (2023). Uma revisão da tecnologia de bomba de calor assistida por energia solar para aplicações de secagem. *Energia*, 129215.

[2] Jiang, Y., Zhang, H., Zhao, R., Wang, Y., Liu, M., You, S., ... & Wei, S. (2022). Avaliação energética, exergética, económica e ambiental da bomba de calor assistida por coletor solar triangular. Solar Energy, 236, 280-293.

[3] Oskouei, S. B., Frate, G. F., Christodoulaki, R., Bayer, Ö., Akmandor, İ. S., Desideri, U., ... & Tarı, İ. (2024). Sistema de armazenamento de energia híbrido movido a energia solar com materiais de mudança de fase. *Conversão e gerenciamento de energia, 302*, 118117.

[4] Adebayo, T. S., Meo, M. S., Eweade, B. S., & Özkan, O. (2024). Examinando os efeitos das inovações em energia solar, tecnologia da informação e comunicação e globalização financeira na qualidade ambiental nos Estados Unidos por meio da análise Quantile-On-Quantile KRLS. *Solar Energy, 272*, 112450.

[5] Li, Y., Ali, G., & Akbar, A. R. (2023). Avanços na pesquisa de mapeamento de prospectividade de energia geotérmica com base no aprendizado de máquina na era do big data. *Tecnologias e Avaliações de Energia Sustentável, 60*, 103550.

[6] O'Sullivan, M., Gravatt, M., Popineau, J., O'Sullivan, J., Mannington, W., & McDowell, J. (2021). Emissões de dióxido de carbono de usinas geotérmicas. *Renewable Energy, 175*, 990-1000.

[7] Chen, S., Zhang, Q., Andrews-Speed, P., & Mclellan, B. (2020). Avaliação quantitativa dos riscos ambientais da energia geotérmica: A review. *Jornal de gestão ambiental, 276*, 111287.

[8] Ali, A., Ali, S., Shaukat, H., Khalid, E., Behram, L., Rani, H., ... & Noori, M. (2024). Avanços na colheita de energia eólica piezoeléctrica: Uma revisão. *Resultados em Engenharia*, 101777.

[9] Bonthu, S., Purvaja, R., Singh, K. S., Ganguly, D., Muruganandam, R., Paul, T., & Ramesh, R. (2024). Offshore wind energy potential along the Indian Coast considering ecological safeguards. *Ocean & Coastal Management, 249*, 107017.

[10] Shi, L., Lao, W., Wu, F., Lee, K. Y., Li, Y., & Lin, K. (2023). Controle de frequência de carga baseado em DDPG para sistemas de energia com energia

renovável por unidade hidrelétrica de armazenamento bombeado DFIM. *Renewable Energy*, *218*, 119274.

[11] Alqahtani, B., Yang, J., & Paul, M. C. (2023). Projeto e avaliação do desempenho de um armazenamento de energia hidroelétrica bombeada ligado a um sistema híbrido de energia fotovoltaica e turbinas eólicas. Energy Conversion and Management, 293, 117444.

[12] Bafrani, A. A., Rezazade, A., & Sedighizadeh, M. (2022). Reserva eléctrica robusta e programação de energia do sistema de energia considerando unidades de armazenamento hidroelétrico bombeado e recursos de energia renovável. Journal of Energy Storage, 54, 105310.

[13] Trivedi, A., Trivedi, V., Pandey, K. K., & Chichi, O. (2023). Um modelo interpretativo para avaliar as barreiras à energia oceânica para o desenvolvimento económico azul na Índia. Renewable Energy, 211, 822-830.

[14] Barua, A., & Rasel, M. S. (2024). Avanços e desafios na recolha de energia das ondas oceânicas. Tecnologias e Avaliações de Energia Sustentável, 61, 103599.

[15] Rashid, A., Nakib, T. H., Shahriar, T., Habib, M. A., & Hasanuzzaman, M. (2024). Análise energética e económica de uma central de conversão de energia térmica oceânica para o Bangladesh: Um estudo de caso. Ocean Engineering, 293, 116625.

Printed by Books on Demand GmbH, Norderstedt / Germany